U0113989

SCIENCE & HUMANITIES

走向数学丛书

冯克勤／主编

走向数学

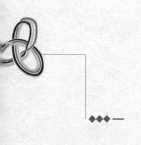

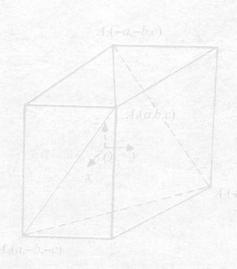

绳圈的数学

姜伯驹

著

MATHEMATICS OF STRING FIGURES

大连理工大学出版社

图书在版编目(CIP)数据

绳圈的数学 / 姜伯驹著. -- 大连:大连理工大学
出版社,2023.1

(走向数学丛书 / 冯克勤主编)

ISBN 978-7-5685-4128-2

Ⅰ. ①绳… Ⅱ. ①姜… Ⅲ. ①纽结②链环 Ⅳ.
①O189

中国国家版本馆 CIP 数据核字(2023)第 002196 号

绳圈的数学
SHENGQUAN DE SHUXUE

大连理工大学出版社出版

地址:大连市软件园路 80 号　邮政编码:116023
发行:0411-84708842　邮购:0411-84708943　传真:0411-84701466
E-mail:dutp@dutp.cn　URL:https://www.dutp.cn

辽宁新华印务有限公司印刷　　　　大连理工大学出版社发行

幅面尺寸:147mm×210mm	印张:6.125	字数:135 千字
2023 年 1 月第 1 版		2023 年 1 月第 1 次印刷

责任编辑:王　伟　　　　　　　　　　　　责任校对:周　欢
封面设计:冀贵收

ISBN 978-7-5685-4128-2　　　　　　　　　定　价:69.00 元

本书如有印装质量问题,请与我社发行部联系更换。

"走向数学"丛书

陈省身题

科技强国、数学为本

吴文俊

2010. 1. 10

SCIENCE
&
HUMANITIES

走向数学丛书

编 写 委 员 会

续编说明

　　自从 1991 年"走向数学"丛书出版以来,已经出版了三辑,颇受我国读者的欢迎,成为我国数学传播与普及著作的一个品牌.我想,取得这样可喜的成绩主要原因是:中国数学家的支持,大家在百忙中抽出宝贵时间来撰写此丛书;天元基金的支持;与湖南教育出版社出色的出版工作.

　　但由于我国毕竟还不是数学强国,很多重要的数学领域尚属空缺,所以暂停些年不出版亦属正常.另外,有一段时间来考验一下已经出版的书,也是必要的.看来考验后是及格了.

　　中国数学界屡屡发出继续出版这套丛书的呼声.大连理工大学出版社热心于继续出版;世界科学出版社(新加坡)愿意出某些书的英文版;湖南教育出版社也乐成其事,尽量帮忙.总之,大家愿意为中国数学的普及工作尽心尽力.在这样的大好形势下,"走向数学"丛书组成了以冯克勤教授为主编的编委会,领导继续出版工作,这实在是一件大好事.

首先要挑选修订、重印一批已出版的书;继续组稿新书;由于我国的数学水平距国际先进水平尚有距离,我们的作者应面向全世界,甚至翻译一些优秀著作.

我相信在新的编委会的领导下,丛书必有一番新气象.

我预祝丛书取得更大成功.

王 元

2010 年 5 月于北京

编写说明

从力学、物理学、天文学,直到化学、生物学、经济学与工程技术,无不用到数学.一个人从入小学到大学毕业的十六年中,有十三四年有数学课.可见数学之重要与其应用之广泛.

但提起数学,不少人仍觉得头痛,难以入门,甚至望而生畏.我以为要克服这个鸿沟还是有可能的.近代数学难于接触,原因之一大概是其符号、语言与概念陌生,兼之近代数学的高度抽象与概括,难于了解与掌握.我想,如果知道讨论对象的具体背景,则有可能掌握其实质.显然,一个非数学专业出身的人,要把数学专业的教科书都自修一遍,这在时间与精力上都不易做到.若停留在初等数学水平上,哪怕做了很多难题,似亦不会有助于对近代数学的了解.这就促使我们设想出一套"走向数学"小丛书,其中每本小册子尽量用深入浅出的语言来讲述数学的某一问题或方面,使工程技术人员、非数学专业的大学生,甚至具有中学数学水平的人,亦能懂得书中全部或部分含义与内容.这对提高我国人民的数学修养与水平,可能会起些作用.显然,要将一门数学深入浅出地讲出来,绝非易事.首先要对这门数学有深入的研究与透彻的了解.从整体上说,我国的数学水平还不高,能否较好地完成这一任务还难说.但我了解很多数学家的积极性很高,他们愿意为"走向数学"丛书撰稿.这很值得高兴与欢迎.

承蒙国家自然科学基金委员会、中国数学会数学传播委员会与湖南教育出版社的支持,得以出版这套"走向数学"丛书,谨致以感谢.

王 元

1990 年于北京

绪　言

　　人类自从会用绳子,就会打绳结.我们的祖先在史前时代用绳结来记事,《周易》中就有"上古结绳而治"的记载.南美洲印第安人的印加帝国,在西班牙人入侵之前曾创造了灿烂的古代文明,但始终没有文字.博物馆里保存着"基普"——印加人用来进行统计和记事的系着各种结的彩色绳子,却没有人说得清这些结原来代表的意思,印加帝国的历史就成了一连串的谜.这是结绳记事的最突出的例子之一.

　　打结也曾是一种重要的实用技能,因此早就有专门著作来研究.外国的《绳结大全》之类的书,主要是总结海员们的经验,在什么场合下该用什么结、不该用什么结.也有的书总结魔术师的经验.在我国,货运工人、卡车司机对绳结都有丰富的实践经验.

　　撇开绳结的用途、手法,绳子的质料、长短、粗细等因素,各种结在几何形状上有没有本质的差异呢? 为识别不同的结,必须先把结"封起来",把打好结的绳子的两端捻合在一起,成为没有端点的圈. 书后的附录 2 就展示了许多有结的绳圈,彼此之间不能通过连续变形互相转化,除非剪断后重接. 几个绳圈还可以彼此套住不分离,这种现象叫作连环. 绳圈的打结与连环现象在生活中到处可见,如链条、挂锁、许多装饰图案、小孩玩的绳圈翻花游戏等. 绳圈也可用作许多自然现象的模型,例如生物化学中环状 DNA 分子就可以打结.

虽然人类认识与利用绳圈的历史已经如此悠久,对绳圈进行理论研究的历史却不长,起因还得归功于物理学. 1867 年,英国物理学家 L. 开尔文(L. Kelvin)提出一种原子模型,认为原子是"以太"中的涡圈. 当时人们相信宇宙中充斥着一种介质叫"以太"(ether),万物都是"以太"的表现形式. 涡圈就像是抽香烟的人精心吐出的环状烟圈,涡旋的轴心线是一个圈,圈的形状可以改变,可以维持相当时间不散. 开尔文设想,涡圈的轴心线可以打结,不同的结代表不同的化学元素. 这个学说促使一批热心的物理学家去研究绳圈的打结现象. 像任何一门学科一样,基础性的工作是收集、总结经验资料. 经过英国人泰特(Tait)等人不懈的努力,第一张纽结表在 1899 年问世. 在编表的过程中他们还提出了许多经验、规律.

数学上的纽结理论,是 20 世纪以来作为拓扑学的一个重要部分而发展起来的.拓扑学是研究几何图形的连续变形的学科,纽结理论研究绳圈(或多个绳圈)在连续变形下保持不变的特性.由于纽结与链环既直观又具有奥妙,纽结理论成了拓扑学中引人入胜的一支,它在数学中的重要性也日渐上升.

1984 年,新西兰数学家 V. F. R. 琼斯(V. F. R. Jones)在研究算子代数时发现了一个新的纽结不变量——琼斯多项式.这有如一声春雷,使纽结理论成为世界数学界的焦点之一,引发了一连串的重要进展,开辟了与许多别的数学分支的联系渠道.琼斯因此在 1990 年的世界数学家大会上荣获菲尔兹奖,这个四年一度的数学奖有诺贝尔奖那样的声誉(诺贝尔奖中没有数学奖).尤其令人惊异的是,人们已为琼斯多项式找到一种不需要准备知识的初等讲法,并且用来证明了泰特等人提出的一些经验规律.这就是说,作为事后诸葛亮,我们发现这块瑰宝原来埋藏并不深,不知为什么先贤们竟错过了它.

我们将在第一章介绍关于纽结与链环的基本概念,然后在第二章用上面提到的初等讲法来介绍琼斯多项式,并在第三章用它来证明泰特关于交错纽结的猜测.这是本书的一条主线,这条主线可以叫作绳圈的拓扑学.

本书的另一条主线是绳圈的几何学,讨论与绳圈的具体形状有关的几何量,诸如弯曲、扭转、缠绕等.这些几何量在绳圈做连续变形时是要发生改变的,其变化却又受到绳圈的拓扑不变量的制约.

先把绳子看成没有粗细,只研究绳圈的弯曲.它的总弯曲角度至少是 2π.如果绳圈打了结,它的总弯曲角度就一定超过 4π.这是第四章的话题.

一条有粗细的绳子除了可以弯曲之外,还可以被扭转(例如用手搓绳子).经验告诉我们,搓扭以后一放松,绳子往往绞缠起来.在第五章我们将建立一个数学模型以揭示扭转与绞拧这两者之间互相补偿的关系.所得到的怀特(J. H. White)公式(诞生于 1969 年),竟然立即对分子生物学中遗传物质 DNA 的研究产生了重要的影响.我们将在第六章中简单介绍这种应用.

弯曲、扭转、缠绕等几何量,本来是对光滑曲线来讨论的,要用微积分来定义,属于微分几何学的研究范围.我们改而讨论折线.这不但使这些几何量的含义变得直观、易懂,而且在许多应用(例如 DNA)中折线比光滑曲线更接近实际.第五章中提出并证明的怀特公式的折线形式,是数学文献中所未见的,为本书的首创.

本书是为具有高中数学基础的数学爱好者写的,也是为需要了解有关绳圈的数学知识的科学工作者写的.因此我们尽量避免高等数学的知识,采取初等的讲法.我们要求于读者的,只是探索钻研精神、理性的思维,以及对于立体图形的观察力.为了激励读者进行独立思考,我们附了一些习题,许多是为加深对概念和方法的理解而设,有的则是对读者能力的真正挑战.

各章之间的逻辑关系如下图所示.读者可以先看看每章的引言,然后根据自己的兴趣和需要来选读.书末还推荐了一些进一步阅读的材料.

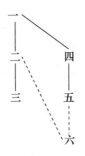

目　录

一 纽结与链环的基本概念

这一章要从具体的绳圈提炼出有关的数学概念和数学问题,以明确我们要研究的对象和内容.最后一节§1.5的内容,并不全是以后各章要用到的,目的是帮助读者体会纽结理论的丰富多彩.

§1.1 什么是纽结,什么是链环

绳子打结,人人都会.捆东西,系鞋带,缝衣服,织毛衣,以至变戏法,不同的场合用不同的结.可是结的异同怎样描述,怎样研究?

下图是两个绳结.做两个实物模型把玩一番,你就会相信这两个结是不同的.除非把绳头抽回重穿,你没法把左边那个结变成右边那个.绳子的粗细、长短、曲直、软硬都不是我们所注意的,都允许改变,我们注意的是那个结.绳头不许抽回重穿,这一点至关重要,因为如果允许绳端自由穿

插,那么所有的结都能经过连续变形最后解开成一段直的
绳子.可是这条关键性的规则却找不到确切的数学语言来

描述.于是我们索性添加一条规定:绳子的两端要在远处捻
合起来,成为绳圈.(刚才的两个结就要改画成有结的绳圈
了.它们分别是本节习题中命名的右手三叶结与 8 字形
结.)这样我们就得到了数学上的定义:纽结是三维空间中
的简单闭曲线.简单闭曲线,意思是连通的(连成一体的),
封闭的(没有端点的),不自交的(自己与自己不相交的,即
没有黏连的)曲线.

　　按照这个定义,放在一个平面内的圆圈也是一个纽结.
这个"未打结的"纽结,我们称为平凡纽结.

　　为明确起见,我们还应该说明什么叫曲线.在本书
中,我们把曲线理解为由有限多个直线段首尾相接构

成的折线,因而把简单闭曲线理解成简单闭折线.这
样可以避免下图中那种无穷纠缠的情形.不过由于我
们所要研究的现象(打结)与绳子的曲直没有太大的
关系,为美观起见我们还是把纽结画成处处光滑的曲
线.读者也可以把它想象成由千百个很短的直线段构
成的折线.

　　除了绳圈可以打结之外,绳圈与绳圈之间还可以互相
钩连、套扣,这也是日常生活中常见的现象,铁链、挂锁、钥
匙圈等都利用这个原理.这种现象与打结有密切联系,可以
放在一起研究.因此我们再定义一个概念:由有限多条互不
相交的简单闭曲线构成的空间图形,称为**链环**.组成链环的
每一条简单闭曲线称为该链环的一个**分支**,它本身是可以
有结的.这样,纽结就成了链环的一种了:纽结就是只有一

个分支的链环.按照这个定义,放在同一平面内的若干个互不相交的圆圈也组成一个链环,称为**平凡链环**.

例 两个分支的链环

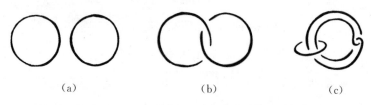

(a)   (b)   (c)

作为绳圈(或一组绳圈),纽结与链环可以在空间中自由地连续变形,但是不许剪断,不许黏合.如果一个纽结(或链环)可以经过这种绳圈移位变形变成另一个,我们就说这两个纽结(或链环)是**等价**的,或同痕的,有时干脆把等价的两个纽结说成是**相同**的.纽结与链环的理论(简称纽结理论)的基本问题是:任给一个纽结或链环,怎样判断它是不是平凡的(是否等价于平凡纽结或平凡链环)?任给两个纽结或链环,怎样识别它们是否相同(是否同痕)?

众所周知,平面上的任意一条简单闭曲线都可以在该平面上(而不需要离开那个平面)连续地变形成为圆周.(所以它一定把平面分成内外两个区域.)由此可见,能放在一个平面上的纽结一定是(同痕于)平凡纽结,能放在一个平面上的链环一定是平凡链环.

习　题

1. 试用实验来判断以下各对链环是否等价.

（a）右手三叶结

（b）8 字形结

（c）最简单的圈套

（d）怀特海德（Whitehead）链环

2. 试用实验来判断以下各对链环是否等价.

（a）

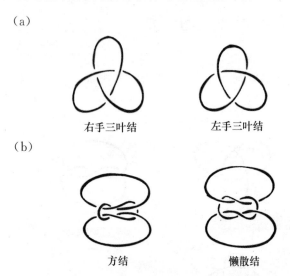

右手三叶结　　　　　　左手三叶结

（b）

方结　　　　　　懒散结

在实用上,上图左边的结牢靠,在不同的行业里有不同的名字,如医院里称为外科结;右边的结较易散,以致在海员用的书上,这个结的旁边画了一个骷髅.

（c）

反怀特海德链环　　　　　正怀特海德链环

（d）

上图左边那个链环的特点是,任意撤去一个环,剩下的两个环都不套着,可是三个环在一起就互相扣住

§1.2 纽结与链环的投影图

描绘空间图形通常是用照片. 拍照就是投影,也就是取一个适当的投影方向,看图形在与该方向垂直的平面上的影子. 图形上不同的点的影子有可能重叠在一起,所以往往需要从不同的角度拍照才能反映图形的全貌.

对于纽结与链环,只要取景适当,一张照片就够了. 我们总可以选取适宜的投影方向,使得投影图上的重叠点都是二重点,即不会有三个点的影子叠在一起. 这样,再以线条的虚实表现重叠处的上下两条线在空间中交叉的情景,一张投影图就足以确定纽结与链环. 上一节中的例子,不都是用一张投影图绘出的吗? 投影图所不能反映的信息,例如交叉点处上下两线之间的垂直距离,恰恰是研究纽结与链环时无关紧要的,因为我们允许绳圈的移位变形,如果两个链环有相同的投影图,一定可以作沿投影方向的移动而把一个变成另一个.

准确地说,我们要求投影图达到以下标准:只有有限多个重叠点;每个重叠点都是二重点;在每个二重点处,上下两线的投影都是互相穿越交叉的. 这样我们才能用虚实线

把交叉情景一目了然地表现出来.也就是说,我们要求避免下图显示的几种重叠情况.

当我们说到投影图时,总是指已经用虚实线标出了交叉情况的图.如果像在真实的照片上那样让交叉点处两条线的影子相交,我们将得到由一组自身相交的闭曲线构成的平面图形.这样得来的线条图上,每个分岔点都是四岔的,所以我们称为**四岔地图**.(四岔地图的着色问题,在第三章§3.1中将专门讨论.)每张投影图确定一张四岔地图.反过来说,从四岔地图却不能确定投影图,因为每个分岔点

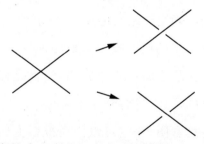

有两种可能的交叉情况(虚实配置).所以,从有 n 个分岔点的四岔地图一共可以得到 2^n 张不同的投影图.当然,它们所代表的纽结或链环却不一定互不相同.下图是从最左边那张四岔地图得出的几张投影图.

纽结与链环可以用投影图来确定. 然而等价的链环可以有不同的投影图,上节的习题 1 便是明证. 由此可见,要利用投影图来研究纽结理论,先决条件是必须弄清楚,绳圈在空间中的移位变形怎样在投影图上反映出来. 不言而喻地,我们当然应该允许投影图作平面变形,即把平面看成橡皮薄膜时,画在上面的图形可能产生的变形. 例如

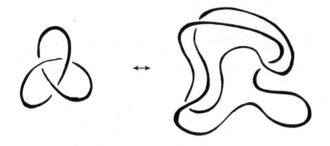

德国数学家瑞德迈斯特(Reidemeister)在 20 世纪 20 年代指出,纽结与链环的同痕本质上是由投影图的三种基本变换(通常称为初等变换)来刻画的. 我们分别称它们为 $R1$(消除或添加一个卷), $R2$(消除或添加一个叠置的二边形), $R3$(三角形变换).

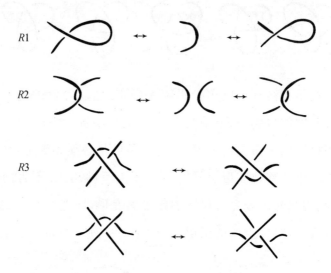

注意上述的三种初等变换，是在投影图的局部进行的，在变换的那个部分除所画出的线以外不能有别的线介入．例如，

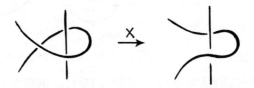

不是一个合法的 $R1$ 变换，正确的做法得到的结果不一样：

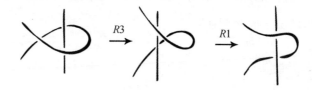

上面这三种初等变换很明显都可以用挪动绳子来实现.瑞德迈斯特说,反过来,如果空间中的一个链环可以经过绳圈的移位变形变成另一个链环,那么第一个链环的投影图一定可以通过一连串的初等变换(以及平面变形)变成第二个链环的投影图.

论证的思想并不复杂.简单闭折线在空间中的变形可以归结为一种基本变形:如果空间中某个三角形恰有一条边(或恰有两条边)在闭折线上,而该三角形的内部与闭折线不相交,那么把这一条边用三角形的另两条边来替换(或把这两条边用三角形的另一条边来替换).纽结或链环既由闭折线构成,它在空间中的移动变形总可以分解成一连串这种基本变形.而且一个大的基本变形又可以分解成一连串小的基本变形(大小是指涉及的三角形的大小).一个小的基本变形(小到涉及的三角形的影子至多只包含一个交叉点)对投影图的影响只有几种形态,分别相当于 $R1, R2,$ $R3$ 这三种初等变换,或是平面变形.(下图中带阴影的三角

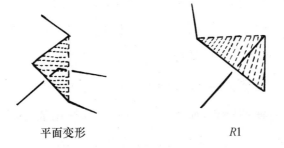

平面变形　　　　　　　　　　　$R1$

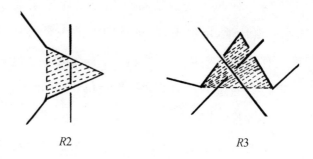

$R2$ $R3$

形,其边缘的实线部分用虚线部分来替换.)

我们规定:两个投影图称为**等价**的,或称同痕的(iso-topic),如果从一个投影图出发,经过一连串的 $R1,R2,R3$ 初等变换以及平面变形,可以得出另一个投影图.

于是我们可以把上节末所说的纽结理论的基本问题改述为:任给纽结或链环的一个投影图,怎样识别它是否等价于平凡的投影图(由平面上互不相交的圆圈组成的投影图)? 任给两个投影图,怎样判断它们是否等价?

这样,我们就把纽结与链环在空间中移动变形的同痕问题,转化成稍为容易捉摸的问题,即平面上的投影图在三种初等变换之下的等价问题.我们就以投影图等价性的这个定义,作为研究纽结理论的出发点.

读者可能会问,绳圈的变形在投影图上有许多别的既直观又方便的形式,如下图的变形.(方块中表示可简可繁的随便什么线条.)为什么我们只用 $R1\sim R3$ 作为基本的变

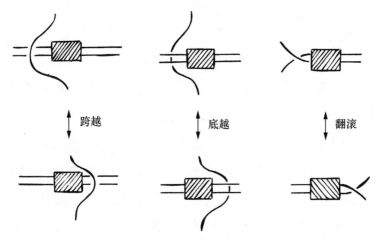

换呢？回答是,在证明投影图等价时(见下节前半节),这些高级变形的确比原始的$R1$～$R3$效率高得多.但是在证明投影图不等价时(这是纽结理论的主题,见下节后半节)我们却希望基本变换越少越简单越好,使得证明不变量越容易.

纽结理论中的一个重要问题是镜像问题,或者称为手征问题.先介绍镜像的概念.设 L 是一个纽结或链环.L 的**镜像**顾名思义就是 L 在镜子中的像.它仍是个纽结或链环,通常用 L^* 表示.当镜子移动时 L 在镜中的像也移动,可见不管镜子放在什么位置,镜中的像总是互相同痕的.所以当我们说到 L 的镜像时,不必指明镜子的位置;要画 L 的镜像 L^* 时,可以把镜子放在最方便的位置.如果给定了 L 的投影图,设想把镜面就放在画投影图的纸面,那么立刻

就能画出 L^* 的投影图:只需把 L 的投影图改一改,把每个交叉点处的上线改作下线,下线改作上线就行了. 例如 §1.1习题 2 的(a)和(c)的两对链环都是互为镜像的.

如果纽结或链环 L 不与其镜像同痕,我们说 L 是**有手征**的;反之如果 L 与 L^* 同痕,就说 L 是**无手征**的."手征"这个词来自物理学. 左手与右手互为镜像,但是形状有本质的差别,左脚的鞋穿不到右脚上. 所以物理学家把与镜像有本质区别的东西说成"有左右手之别的",把与镜像基本上相同的东西说成"不分左右手的".

镜像问题(手征问题)是问:任给一个纽结或链环,怎样判断它是否有手征? 由于自然界中许多物理现象、化学现象、生物现象都与手征有关,所以手征问题在应用上很重要.

习　题

1. 下图是古罗马帝国时代的一个图案. 你能从纽结表中找出它代表的纽结吗?

(答案:纽结 6_2[①] 的镜像)

2. 下图是西藏的一个图案. 你能从纽结表中找出它代表的纽结吗?

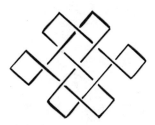

(答案:纽结 7_4 的镜像)

§1.3 用初等变换鉴别链环

要证实两个链环等价,只需用绳子各作一个模型,然后把一个变成另一个. 如果要求用投影图来证明它们等价,按照上节末的定义,我们应该找出一串 $R1, R2, R3$ 变换及平面变形,把一个投影图变成另一个. 原则很简单,实行起来却不一定容易.

简单的例子:

不轻松的任务:8 字结与其镜像同痕.

---

① 6_2 及以下类似记号的意义见书末附录 2.

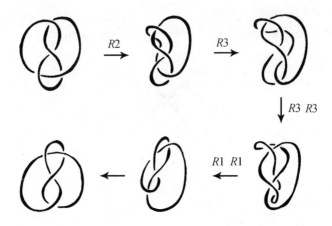

如果我们不拘泥于初等变换，那么下面的图更容易使读者相信了. 图中用粗实线与粗虚线来表明把哪条线挪到哪个位置. 线条只挪动了一次，其余都是平面变形.

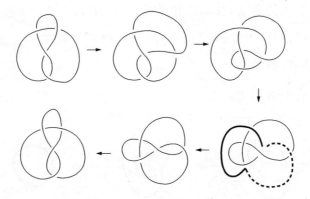

载入史册的发现：下图左右角的两个纽结，在 1899 年出版的纽结表中列为不同的纽结. 事隔 75 年之后，才有人发现它们是同痕的，只要在投影图上把线条挪动几次就能

把一个变成另一个. 像上一段一样, 我们用粗实线和粗虚线来表明要把哪条线挪到哪个位置. (这些挪动当然可以再分解成初等变换 $R1, R2, R3$, 但是过程就太长了.)

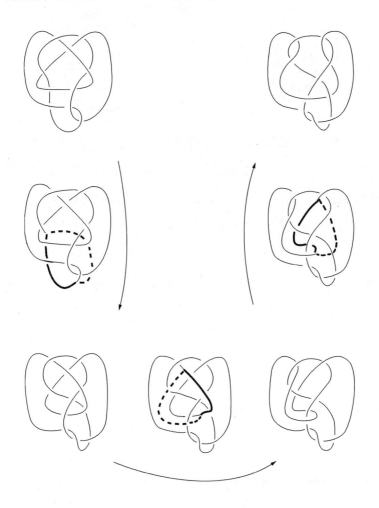

　　向勇敢的读者挑战:下图的两个纽结投影图各有 13 个交叉点.已经知道(1985)它们是等价的.你能给出证明吗?

　　经验告诉我们,要证实两个链环同痕,是很费劲的事,像走一个大迷宫一样不知怎样才能走通.可是,要想证明两个链环不同痕,就更不容易了.事实上到目前为止我们还没有向读者证明哪一个纽结是不平凡的,即与平凡纽结不同痕的.拿两个纽结或链环的投影图 L_1, L_2 来举例,你想挪动绳线把 L_1 变成 L_2,试了千百次都失败了.这能说明 L_1 与 L_2 一定不等价吗? 你能保证不会有人想出个绝招来把 L_1 变形成 L_2 吗? 可见,试探法只能证实等价性,不可能证明不等价性.为此,数学家们提出了另一条思路——不变量方法.

　　不变量,就是纽结或链环在变形时不改变的性质.例如,我们知道 ◯ 与 ◯◯ 不会等价,因为它们的分支数(圈数)不相同;分支数是链环的一个不变量,因为在变形时链环中圈的个数是不会改变的.链环的分支数是可以从投影图上求出的. 即使是令人眼花缭乱的复杂的投影图, 我们也能轻易地找出其分支数: 只要在图上任取一点, 沿图前进, 在每个交叉点处向前直走, 当回到出发点时你就走过了一个完整的圈; 对未走过的部分再如法进行, 直到走遍整个图, 就知道了这个链环的圈数.

既然链环的同痕本质上是由其投影图的三种初等变换来刻画的, 我们给出不变量的进一步的定义: 纽结或链环的投影图的一个性质 P 称为是投影图的**同痕不变量**, 如果它在 $R1, R2, R3$ 这三种初等变换下保持不变.

投影图中交叉点的个数多少, 虽然是投影图的明显的特征, 却不是同痕不变量, 因为 $R1, R2$ 这两种初等变换都使它改变. 投影图的圈数, 则是一个同痕不变量, 因为三种初等变换都不改变它. 当然, 这是一个很弱的不变量, 它不能鉴别不平凡的纽结, 所有纽结的分支数都等于 1.

同痕不变量的主要用处是, 既然互相同痕的链环的投影图可以经过一连串 $R1, R2, R3$ 变换互相转化, 所以同痕的链环应当有相同的不变量. 换句话说, 如果两个链环有不同的不变量, 它们就一定不同痕. 纽结理论的主题, 就是寻求既便于计算, 又有很强的鉴别力的同痕不变量.

作为例子, 我们来证明三叶结的不平凡性. 我们先定义投影图的一种性质——三色性. 一个投影图称为**三色的**, 如果它的每条线可以涂成红色或黄色或蓝色, 使得每个交叉

点处的三条线(一条上线和两边两条下线)要么颜色各异,
要么颜色相同;当然我们不允许所有的线条都全用同一种
颜色,但也并不规定三种颜色要全都用上.例如三叶结的投
影图可以着色如右图.

投影图的三色性是一个同痕
不变性质,即在 $R1,R2,R3$ 这三种
初等变换下保持不变的.这件事的
证明是完全初等的,分析颜色配置
的几种情况就行了,我们留给读者
自己动手来做.

既然三叶结的投影图是三色的,平凡纽结投影图不是
三色的,所以三叶结不平凡!

三色性这个不变量的另一个应用,是证明某些链环是
扣住不散的.我们说一个(至少有两个分支的)链环是**不分
离**的,如果它不能经过连续变形分成互相远离的两部分;否
则称为**可分离**的.很明显,可分离的链环的投影图一定同痕
于一个由互不交叉的两部分拼凑而成的投影图.由互不交
叉的两部分拼凑而成的投影图称为不连通的.不连通的投
影图一定是三色的:互不交叉的两部分各涂一种颜色,就符
合涂色要求.由于三色性是同痕不变性,可见,可分离的链
环的投影图一定是三色的.换句话说,如果一个投影图不是
三色的,那么它所代表的链环就是不分离的,即互相扣住不

散的.例子见本节习题 6、习题 7.

三叶结是有手征的.在 1984 年以前,要证明这件事需要用到不少数学知识.可是现在只要经过很简单的计算就行了,因为我们有了一些新的,鉴别力既强,又便于计算的不变量.这就是本书第二章的主题.

习　题

1.试用初等变换 $R1,R2,R3$ 来证明 §1.1 中各对链环的确是同痕的.

2.试证明下面的纽结是平凡的.

值得注意的是,在用 $R1\sim R3$ 把它化成平凡投影图的过程中,交叉点个数必须先增大,因为这个图上能施行的只有 $R1$ 与 $R2$,而且是 $R1$ 与 $R2$ 中增加交叉点数的方向.

3.试证明下面三个投影图代表同一个纽结.

4.试证明,用下述方法随手画出的投影图总是代表平凡纽结:落笔后每当遇到已画出的线条时就从下面钻过去,最后回到起点.

5. 证明:投影图的三色性是个同痕不变量.

6. 利用三色性,证明§1.1中的两个分支的链环的例(b)、(c)都是不分离的,因而都不是平凡的.

7. 利用三色性,证明§1.1习题2(d)中左边那个(三分支的)链环是不分离的.

8. 在本书末的附录2中,挑出那些具有三色性的纽结与链环来.(如 $3_1, 6_1, 7_4, 0_1^2, 6_1^2, 6_3^2, 6_1^3$, 等等.)你还能举出别的例子吗?[§1.1习题2的(b)如何?]

§1.4　有向链环　环绕数

每一条简单闭曲线都有两个相反的绕行方向.链环的**走向**,是指在它的每个圈上都选定了一个前进方向,在投影图上用箭头标出. m 个分支的链环一共有 2^m 种不同的走向.取定了走向的链环称为有向链环;相应地,未指定走向的就称为**无向链环**.有向链环的投影图,即标了箭头的投影图,称为**有向投影图**;未标箭头的就称为**无向投影图**.

有向链环的同痕(等价)概念,意思与§1.1中的一样,但要添上走向相同的要求.具体说,空间中两个有向链环称为同痕的,如果经过移动变形可以把第一个有向链环放到第二个有向链环的位置,而且走向一致.我们即将证明,下图中走向不同的两个有向链环是不同痕的.

投影图的初等变换 $R1, R2, R3$ 对于有向投影图自然也有意义,只需在定义它们的图上添上箭头就行了.瑞德迈斯特原理仍然正确,即有向链环在空间中的移动变形本质上是由其有向投影图的 $R1, R2, R3$ 这三种初等变换所刻画的.因此,与以前一样,我们可以定义有向投影图的同痕(或称等价),也照样定义有向投影图的同痕不变量.

一个有向链环(或其投影图)L,如果把它所有分支上的走向(箭头)全都反转,所得的有向链环,称为原来的有向链环 L 的逆,记作 L^{-1}.

一个链环(或其投影图),如果给它规定某一种走向后它与它的逆同痕,我们说这链环是**可逆的**,否则说是**不可逆**

的.注意,一个有 c 个分支的链环共有 2^c 种走向(每个分支有两个相反的走向),如果对于一种走向来说是可逆的,那么对其余 2^c-1 种走向也一定都是可逆的.所以上述定义中只要对一种(随便哪一种)走向来说就够了.

三叶结与 8 字形结都是可逆的,只要在它们上面画上箭头,再翻转一下就可看出.许多简单的纽结都是可逆的,不可逆纽结的第一个例子直到 1964 年才得到证明.[参看本章 §1.5(A3).]

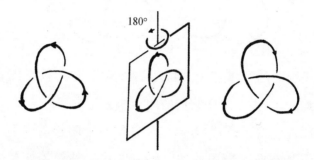

可逆性问题是问:任给一个纽结或链环,怎样判断它是否可逆? 在实际应用中(例如研究生物化学中像 DNA 之类的长链状分子时),纽结或链环上往往带有自然的标记(如特定的碱基序列或氨基酸序列),可以看成有向链环.因而可逆性问题也是一个重要问题.研究的经验告诉我们,可逆性问题往往比手征问题棘手,因为还没有找到很有效的不变量.本书第二、三章介绍的不变量对手征问题相当有效,对可逆性问题却无能为力.

下面我们来定义有向链环的最简单的不变量——环绕数.

有向投影图中,每个交叉点 p 的**正负号** $\varepsilon(p)=\pm 1$ 用下图来规定

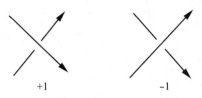

用话来说,从上线的箭头旋转到下线的箭头的最小转角是逆时针方向的,为正交叉点;顺时针方向的为负.

一个有向投影图 L 的全体交叉点的正负号之总和,称为 L 的**拧数**,记作 $w(L)$. 拧数在 $R2$,$R3$ 这两种初等变换下显然并不改变,但是 $R1$ 却要使它改变的. 所以拧数不是有向投影图的同痕不变量.

下面我们要定义一个不变量,叫作**环绕数**,它衡量出两条有向封闭曲线互相环绕的程度.

设 K_1,K_2 是有向链环 L 的两个分支. 我们定义 K_1 与 K_2 的**环绕数** $\mathrm{Lk}(K_1,K_2)$ 为圈 K_1 与圈 K_2 交叉处(既不包括 K_1 自我交叉处,也不包括 K_2 自我交叉处,更不包括 K_1,K_2 与其余分支交叉处)的正负号总和的一半. $\mathrm{Lk}(K_1,K_2)$ 是同痕不变量,因为 $R1$ 变换只涉及分支自我交叉点,与环绕数无关;而 $R2$,$R3$ 也明显地不影响环绕数

的值. 当链环 L 只有 K_1, K_2 这两个分支时, 我们有时把 $\mathrm{Lk}(K_1, K_2)$ 简写作 $\mathrm{Lk}(L)$.

例 1

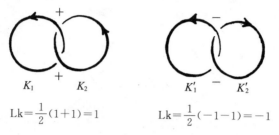

$$\mathrm{Lk} = \frac{1}{2}(1+1) = 1 \qquad \mathrm{Lk} = \frac{1}{2}(-1-1) = -1$$

因此, 我们又一次证明了(参看上节习题 6)最简单的圈套确实是套住拉不开的, 因为平凡的双分支链环无论怎样规定走向, 两分支间的环绕数总是 0.

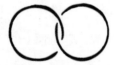

例 2　怀特海德链环

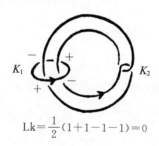

$$\mathrm{Lk} = \frac{1}{2}(1+1-1-1) = 0$$

它虽是不平凡的, 但环绕数是 0.

环绕数的一个明显的性质是, 当 K_1, K_2 之一的走向反转时,环绕数要改变正负号,因为 K_1 与 K_2 的交叉点的正负号都变了.然而如果 K_1,K_2 的走向同时反转,它们的环绕数不变.

在链环 L 的投影图上,K_1 与 K_2 的交叉点有两种,一种是 K_1 跨越 K_2 的,一种是 K_2 跨越 K_1 的.我们把 K_1 跨越 K_2 的交叉点的正负号之和记作 $\mathrm{Lk}_1(K_1,K_2)$,把 K_2 跨越 K_1 的交叉点的正负号之和记作 $\mathrm{Lk}_2(K_1,K_2)$.在初等变换 $R1,R2,R3$ 之下,Lk_1 和 Lk_2 都不改变,它们都是同痕不变量.现在把整个链环 L 在空中作 $180°$ 的滚翻成为链环 L',K_1 与 K_2 分别变成 K_1',K_2'.滚翻是一个同痕,所以

$$\mathrm{Lk}_1(K_1,K_2)=\mathrm{Lk}_1(K_1',K_2'),$$
$$\mathrm{Lk}_2(K_1,K_2)=\mathrm{Lk}_2(K_1',K_2').$$

另一方面,滚翻之后,K_1 跨越 K_2 的交叉点变成 K_2' 跨越 K_1' 的交叉点,而正负号却不变.所以我们又得到

$$\mathrm{Lk}_1(K_1,K_2)=\mathrm{Lk}_2(K_1',K_2'),$$
$$\mathrm{Lk}_2(K_1,K_2)=\mathrm{Lk}_1(K_1',K_2').$$

于是我们得到 $\mathrm{Lk}_1(K_1,K_2)=\mathrm{Lk}_2(K_1,K_2)$.然而从定义有

$$\text{Lk}(K_1, K_2) = \frac{1}{2}\left[\text{Lk}_1(K_1, K_2) + \text{Lk}_2(K_1, K_2)\right],$$ 所以结论是

$$\text{Lk}(K_1, K_2) = \text{Lk}_1(K_1, K_2) = \text{Lk}_2(K_1, K_2).$$

这三个不变量原来是同一个东西！这一段讨论不但告诉我们环绕数的两种等价的定义,而且使我们知道它一定是整数(这从最初的定义并不明显).

环绕数的观念是高斯(Gauss)在研究电磁现象时首先提出的.设有向闭曲线 K_1 是由导线构成,其中有与 K_1 方向相同的单位强度的直流电通过.这电流就在空间中产生了磁场.设一个磁单极子(具有单位磁荷的)沿有向闭曲线 K_2 运动一周.那么在这个过程中,K_1 中电流的磁场对这磁单极子所做的功,就等于 $\text{Lk}(K_1, K_2)$ 的 4π 倍.

作为环绕数的应用,我们来谈谈带子.经验告诉我们(可用皮带或橡皮筋作实验)

让我们把左边的形态称作拧,右边的称作扭,那么上图是说拧与扭可以互相转化.如果带子的边缘是链环的一部分,也可用初等变换:

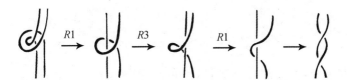

现在来考虑一条封闭的窄带子.(双侧的、有两条边的普通带子,而不是单侧的、只有一条边的莫比乌斯(Möbius)带子.允许带子"打结".)带子的两条边取相同的定向,得到一个有向链环 L,它的两个分支记作 K, K'. L 的投影图看起来像两条平行的曲线,由拧卷(⌒⌒)与扭转(⌒⌒)的段落组成.

扭转部分对于环绕数 $\mathrm{Lk}(L)$ 的贡献是

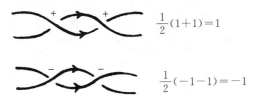

$$\frac{1}{2}(1+1)=1$$

$$\frac{1}{2}(-1-1)=-1$$

所以我们把 ⌒⌒ 称为正扭转一周,⌒⌒ 称为负扭转一周.以 $T(L)$ 表示整个投影图上扭转周数的(正负要相消的)总和.

拧卷部分对 $\mathrm{Lk}(L)$ 的贡献则是

$$\frac{1}{2}(1+1)=1$$

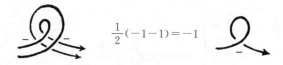

$$\frac{1}{2}(-1-1)=-1$$

这恰好等于这部分对于拧数 $w(K)[=w(K')]$ 的贡献.

环绕数 $\mathrm{Lk}(L)$ 应是扭转部分与拧卷部分的贡献之和,所以

$$\mathrm{Lk}(L)=w(K)+T(L).$$

这个公式可以帮助我们计算由带子边缘组成的双分支链环的环绕数.

例

$$w(K)=3, \quad T(L)=-2, \quad \mathrm{Lk}(L)=3-2=1$$

公式 $\mathrm{Lk}(L)=w(K)+T(L)$ 可以看成一个守恒定律.当带子在空间中移位、变形时,拧数 $w(K)$ 不是不变量,扭转数 $T(L)$ 也是会改变的,但是它们的和 $\mathrm{Lk}(L)$ 却是一个同痕不变量,不会改变.现实世界中的带子,由于质料的弹性,扭转时会产生内部应力.试拿一条电线或橡皮筋做实验,先自然地拉直,然后扭转许多周,你会发现必须用力拉住才能使它保持直的状态;稍一放松,它就会蜷缩绞缠起

来. 这就是扭转减少（因为应力减少）, 因而拧卷必然增加（因为扭转与拧卷之和守恒）. 本书将用整个第五章更深入地讨论这个主题.

习　题

1. 设 L_+ 与 L_- 是两个有向的双分支链环, 它们的投影图在其他地方相同, 只在一个交叉点处有差别. 另有一个链环 L_0, 是从 L_+ 或 L_- 把那个交叉点抹去而得. 如下图所示.

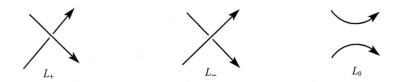

易见 L_0 的分支数是 1 或 3. 试证明

$$\mathrm{Lk}(L_+) - \mathrm{Lk}(L_-) = \begin{cases} 1 & \text{如果 } L_0 \text{ 是纽结（一个分支）,} \\ 0 & \text{如果 } L_0 \text{ 不是纽结.} \end{cases}$$

2. 设 L 是有向的双分支链环, L^* 是 L 的镜像. 试证明

$$\mathrm{Lk}(L^*) = -\mathrm{Lk}(L).$$

3. 证明: 右旋莫比乌斯带不能变形成左旋莫比乌斯带.

（提示：考虑莫比乌斯带的中心线与其边缘的环绕数.）

4. 任给一个有向纽结的投影图 K. 在其旁加一条完全平行的线 K'. 证明：$\mathrm{Lk}(K,K')=w(K)$.

§1.5 形形色色的纽结与链环

"海阔凭鱼跃，天高任鸟飞". 在空间中让绳线自由穿插，构成的绳圈真是千姿百态. 即使忽略掉由于连续变形引起的差异，而只统计互不同痕的类型，也多得不可胜数. 借助于计算机，有人已经对不超过 13 个交叉点的投影图作了完整的同痕分类. 对于纽结（一个分支的链环），不计走向与镜像的差别（例如把左、右三叶结只算作一个），我们有下面的表：

交叉指标	3	4	5	6	7	8	9	10	11	12	13
素纽结个数	1	1	2	3	7	21	49	165	552	2 176	9 988

（交叉指标与素纽结的确切含义见本节.）

本节中我们介绍一些常见的类型和有关的概念，以增加感性认识和背景知识.许多事实不给出证明,因为涉及超出本书范围的数学知识.

(A)几族纽结与链环

(A1)环面结

这是历史上受到系统研究的最早的一族［德国数学家施莱尔(Schreier),1923］.设 p 是正整数,q 是非零整数.在空间中常规的环面(轮胎面)上并列 p 条平行线,在绕行一圈与原来线头相接以前,分 q 次每次向右错位一条线.这样得到的图形称为环面结 $T_{p,q}$.如果 q 是负的,那就向左错位而不是向右.

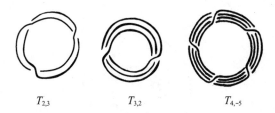

$T_{2,3}$ 　　　　　$T_{3,2}$ 　　　　　$T_{4,-5}$

另一说法是用坐标.在空间直角坐标系里,环面上的点可以用两个角坐标 φ,θ 来表示:

$$\begin{cases} x=(3+\cos\theta)\cos\varphi \\ y=(3+\cos\theta)\sin\varphi \\ z=\sin\theta \end{cases}$$

(这是以 $x\text{-}y$ 平面上的圆周 $x^2+y^2=9$ 为轴线,粗细半径为 1 的轮胎面.)其上以方程 $p\theta=q\varphi+2k\pi$(p,q 是固定的整

数,k 是任意整数)确定的图形就是 $T_{p,q}$.

环面链环 $T_{p,q}$ 有以下一些性质可以从投影图看出：

• 如果 p,q 互素,那么 $T_{p,q}$ 是纽结；如果 d 是 p,q 的最大公因数,那么链环 $T_{p,q}$ 有 d 个分支.

• $T_{1,q}$ 与 $T_{p,1}$ 总是平凡的纽结.

• $T_{p,q}$ 是可逆的链环.

• $T_{p,-q}$ 是 $T_{p,q}$ 的镜像.

可以证明,$T_{p,q}$ 同痕于 $T_{q,p}$. 因此,除去平凡纽结以外,我们不妨设 $2 \leqslant p \leqslant |q|$. 环面链环的同痕分类情况是：

只要 $|q| > 2$,$T_{p,q}$ 同痕于 $T_{p',q'}$ 当且仅当 $p = p'$,$q = q'$；$T_{2,-2}$ 则与 $T_{2,2}$ 同痕.

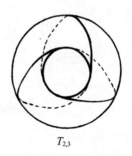

$T_{2,3}$

（A2）双桥结

这是历史上得到系统研究的第二族［德国数学家舒柏特（Schubert）,1956］. 它与连分式有不解之缘.

设 $c_1,c_2,\cdots,c_r$ 是一串非零整数（可以有正有负）. 作投影图如下图左方所示,此图中 c_i 表示该位置的交叉点数目,如果交叉方向与图上不同则 c_i 应赋以负号.(注意一共四条线,第一、二线交叉处以正(右手)螺旋交叉为正,第二、三线交叉处以负(左手)螺旋交叉为正,第四线拉直.底部连线规则是,最后交叉的两条线在底部不相联.)图右方是例子.这种链环称为双桥链环,名称的由来参看本节(C2)段.

以 $B_{c_1,\cdots,c_r}$ 表示这个链环,那么以下性质是不难从投影图看出的.

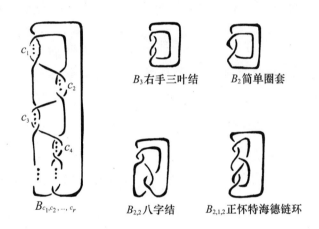

B_3右手三叶结 B_2简单圈套

$B_{c_1,c_2,\cdots,c_r}$ $B_{2,2}$八字结 $B_{2,1,2}$正怀特海德链环

- $B_{-c_1,\cdots,-c_r}$ 是 $B_{c_1,\cdots,c_r}$ 的镜像.
- $B_{c_1,\cdots,c_{r-1},c_r\pm1,\mp1}$ 和 $B_{\pm1,\mp1-c_1,-c_2,\cdots,-c_r}$ 都与 $B_{c_1,\cdots,c_r}$ 同痕.
- 当 r 是奇数时,$B_{c_1,c_2,\cdots,c_r}$ 与 $B_{c_r,\cdots,c_2,c_1}$ 同痕.

作连分数

$$\cfrac{1}{c_1+\cfrac{1}{c_2+\cfrac{}{\ddots+\cfrac{1}{c_r}}}}$$

把它化简成分数$\dfrac{q}{p}$，$p \geqslant 0$。那么可以证明：

• 当p是奇数时它是纽结，否则是双分支的链环。

• 如果两个双桥结的最简分式是$\dfrac{q}{p}$与$\dfrac{q'}{p'}$，那么它们同痕的充分必要条件是$p=p'$，并且$q \equiv q' \bmod p$或$qq' \equiv 1 \bmod p$。

• 一个双桥链环无手征的充分必要条件是$q^2 \equiv -1 \bmod p$。

• 双桥链环都是可逆的。

（A3）排叉结

设$c_1, c_2, \cdots, c_m$是一串奇数，其个数m也是奇数。作投影图如下图左方所示：

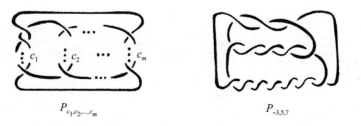

$$P_{c_1, c_2, \cdots, c_m} \qquad\qquad\qquad P_{-3,5,7}$$

图中c_i表示该位置的交叉点数目，如果交叉方向与图上相

反则 c_i 应算作负的;图右是例子.因为图的样子像一种油炸面食,北方叫"排叉",所以叫排叉结,记作 $P_{c_1, c_2, \cdots, c_m}$.由于 m 与 $c_1, c_2, \cdots, c_m$ 全是奇数,它是一个纽结.(当然也可以取消这些限制,那就能得到相当复杂的链环.)不可逆纽结(参看本章 §1.4)的最早得到证明的例子就是排叉结.美国数学家特洛特(Trotter)1964 年证明了,如果 $|p|, |q|, |r|$ 是三个不同的奇数,都大于 1,则 $P_{p,q,r}$ 不可逆.

(B)纽结与链环的运算

有许多办法从较简单的纽结或链环构作出更复杂的纽结或链环来.

(B1)链环的拼

两个链环,互相远离地拼在一起,就构成一个新的链环,其分支数是原先那两个链环的分支数之和.这个新的链环就叫作先前两个**链环的拼**.如果一个链环能分解为两个链环的拼,这链环就是可分离的,否则它就是不分离的(参看本章 §1.3).

相应地,两个投影图,互不交叉地凑在一起,我们称为原先那两个**投影图的拼**,它是那两个链环的拼的投影图.

请读者注意,链环的拼与链环投影图的拼是两个不同的概念,虽然它们有密切关系.两个投影图的拼所代表的链环,是它们各自代表的链环的拼.但是两个链环的拼的投影图,却不一定是(然而一定同痕于)它们各自的投影图的拼.

例如 ⊂⊃,虽然它代表的链环是两个平凡纽结的拼,但它作为投影图来说是连通的,不是两个投影图的拼.它可以经过一次 $R2$ 变换变成两个圆圈的拼.

(B2)纽结与链环的和(连通和)

在一条绳上先后打两个结,其结果成为那两个结的和.

很明显,这加法满足结合律,平凡结起着零的作用.交换律可以从下图看出.

按照正式的说法,纽结是简单闭曲线,这时纽结的和该怎样定义呢?设一个纽结可以移动到某个位置使得空间中某个平面与它只有两个交点.把该平面两侧的部分各用贴近平面的直线段封闭起来,分别得到两个纽结.我们就说原来的纽结分解为这两个新纽结之和.例如 §1.1 习题 2 中的懒散结是两个右手三叶结之和,而方结则是一个右手三叶结与一个左手三叶结之和.

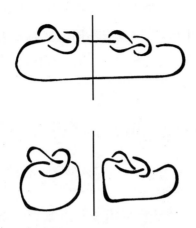

反过来说,先给好两个纽结,怎样构作它们的和呢?我们应该在这两个纽结上各取一个走向,成为有向纽结,设为 K_1, K_2. 把它们放在一个平面的两侧,分别把它们的一小段(随便哪一小段都可以)拉向分隔平面,然后如图把它们在那平面处接通,使得走向互相协调. 这就得到原来两个有向纽结的和,又称连通和,记作 $K_1 \sharp K_2$.

值得注意的是,即使对于无向纽结,定义它们的连通和时也应先赋予走向,否则就有不同的接通方法,得到的结果可能互不同痕.(当然,如果 K_1,K_2 都是可逆的纽结,那就无所谓了.)

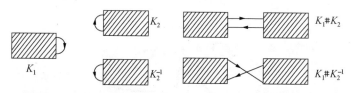

就像每个正整数在乘法运算下有唯一的因子分解一样,每个非平凡纽结可以分解成素纽结的连通和,而且这样的分解式是唯一的.**素纽结**是指那种非平凡纽结,它不能再分解成两个非平凡纽结的连通和了.例如三叶结、八字结、环面纽结、双桥纽结都是素纽结.

我们可以类似地定义两个链环的和(连通和).如果 L_1,L_2 分别有 $c(L_1)$,$c(L_2)$ 个分支,那么 $L_1 \sharp L_2$ 有 $c(L_1 \sharp L_2) = c(L_1) + c(L_2) - 1$ 个分支.确切的定义不但要取定走向,而且必须指明 L_1 的哪个分支与 L_2 的哪个分支相接通,否则结果显然各不相同.

非平凡的链环也可以唯一地分解成素链环的连通和；一个链环称为是**素的链环**，如果它不是平凡纽结，而且如果分解成两个链环的连通和的话，那两个链环中一定有一个是平凡纽结.按这个定义，两分支的平凡链环是素的链环，其他所有的可分离链环都不是素链环.因为

$$L_1 \quad L_2 \longleftrightarrow L_1 \bigcirc \bigcirc L_2 \longleftrightarrow L_1 \,\#\, \substack{\bigcirc \\ \bigcirc} \,\#\, L_2$$

在纽结理论中，人们很自然地把主要精力集中在研究素纽结和素链环，因为它们就像积木块，别的纽结与链环都是由它们搭起来的.历史上所有的纽结表，都只列出素纽结.

相应于链环的连通和这种运算，我们来定义投影图的连通和.设一个投影图 L 与平面上的某条简单闭曲线 S 只有两个交点.（经过平面变形，我们总能把 S 变成圆周.）把该投影图处于 S 的内部和外部的部分分别用贴近 S 的互相平行的弧线封闭起来，得到两个新的投影图.我们就说投影图 L 分解为 S 内、S 外那两个投影图的连通和.

照投影图 L 在水平面上布置线绳做出链环的模型，在交叉点处的下线在这水平面上，上线微微隆起.然后在空间中使 S 以内的那部分平面向下沉，S 以外的部分向上升，曲线 S 仍保留在水平面上.这个模型的新位置就与水平面只有两个交点.按照链环的连通和的定义它被分解为水平面

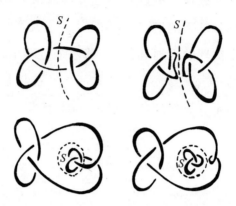

以下、以上两个部分的连通和,这两部分在水平面上的投影恰是原投影图 L 的在 S 之内、之外的两部分. 这就说明了,如果投影图被分解成两个投影图的连通和(按照刚才的定义),那么它所代表的链环也相应地分解成两个链环的连通和(按照早先的定义).

(B3)卫星结

设 K 是一个纽结;设 k 是包含在常规的实心环 V(实心轮胎)之内的一条简单闭曲线,假定 k 在 V 内不可能收缩得很小. 现在设法把实心环 V 放到 K 的位置.(先把 V 切断,放到 K 的位置后再把切口按原样黏合,成为一个打了结 K 的实心环 $\tilde{V}$.)这时 k 的新位置 K' 也是一个纽结. 这样得到的纽结 K' 称为 K 的一个**卫星结**,相对地 K 就称为 K' 的**主星结**. 卫星结比主星结复杂,因为多一些曲折.

这种做法非常灵活,概括了许多运算.

例 1　以下左图为模子做出来的卫星结称为双股扣结,比如下右图是三叶结的一个双股扣结.

既然把 V 放到 $\tilde{V}$ 位置的过程中允许切开再黏合,就不排除在黏合前扭转几周. 于是,即使是平凡纽结的双股扣结,也因扭转周数 q 的不同而异.

　　$q=-1$,三叶结　　　　$q=0$,平凡结　　　　$q=1$,八字结　　　　　$q=2$

例 2　用实心环表面的环面结做模子做出的卫星结叫作缆结.下图是三叶结的一个三股缆结.

例3 纽结的连通和也可以看成一种卫星结.

可以证明,如果 K 是非平凡的纽结,那么它的任意一个卫星结 K',也是非平凡的. 如果 K' 是 K 的卫星结而 K 也是 K' 的卫星结,那么 K 与 K' 一定同痕.

(C)纽结与链环复杂程度的几种指标

链环的分支数当然是链环的复杂程度的一种指标. 我们来介绍另外几种指标.

(C1)交叉指标

一个投影图的复杂程度的最明显的指标,是其中交叉点的个数. 一个纽结或链环的**交叉指标**,是指它的投影图最少有多少个交叉点. 换句话说,一个链环的交叉指标是 n 的意思是:(1)它有一张 n 个交叉点的投影图.(2)它的每一张投影图至少有 n 个交叉点.

例1 交叉指标为 0 的纽结是平凡纽结. 纽结与链环的表(参看书末的附录 2)通常都是依交叉指标排列的:三叶结的交叉指标是 3,8 字形结的交叉指标是 4.

例 2 一个纽结与它的镜像显然有相同的交叉指标.

例 3 环面纽结 $T_{p,q}$, $2\leqslant p<q$ 的交叉指标是 $(p-1)q$.

上面这件事是 1989 年才被证明的一条定理！读者不免诧异：这从图上看不是很显然吗？其实不然．要证明某个纽结或链环的交叉指标是 n，是很不容易的事．刚才解释了它的两层意思，(1)是容易的，画个图就行了；(2)却很难证明：你怎样保证别人想不出交叉点更少的投影图呢？两个纽结之和的交叉指标，显然不会超过它们的交叉指标之和．但是，两个纽结之和的交叉指标是否一定等于它们的交叉指标之和呢？这竟是至今仍未证明的猜测，一个未知的谜！

第三章中，我们将用 1984 年发现的不变量——琼斯多项式，来求出交错链环的交叉指标.

(C2)桥指标

纽结是空间的一条简单闭曲线，其上的点有高有低，一般说来不会全在一个水平面上．(全在一个平面里的纽结一定是平凡的.)当我们沿纽结前进时，从逐渐上升到逐渐下降的一段称为一个桥拱，走过低谷后进入的下一次起落算作另一个桥拱，这样每条简单闭曲线被划分成若干个桥拱．设给定了一个纽结．在与该纽结同痕的所有纽结中桥拱的最少个数,称为该纽结的**桥指标**.本节(A2)段的双桥结的名字就是这么来的.[也可以换个说法,去数峰顶(比附近点都高的点)的数目,或去数谷底(比附近点都低的点)的数目,所得结果是一样的.]

桥指标为 1 的纽结一定是平凡纽结.这是因为,如果只有一个桥拱,这个纽结与每个水平平面至多相交于两点.于是可以按下图所示把它逐渐压缩下来.另一种看法是,这纽结的侧面投影图与每条水平线至多交于两点,因此可以通过一串 $R1$ 变换变成平凡投影图.

链环的桥指标可以类似地定义.

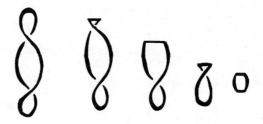

桥指标也是容易定义而不容易计算的.但是它在理论上比较重要,因为已经证明它的两条重要性质,我们以 $b(L)$ 表示链环 L 的桥指标.

(1)$b(L_1 \sharp L_2) = b(L_1) + b(L_2) - 1$,或者说

$$b(L_1 \sharp L_2) - 1 = (b(L_1) - 1) + (b(L_2) - 1).$$

（2）如果纽结 K' 是纽结 K 的卫星结，而且 K' 不与 K 同痕，那么 $b(K')>b(K)$.

性质（1）提示我们，如果我们定义 $\hat{b}(L)=b(L)-1$，以它作为衡量复杂程度的指标，那么我们就可以说，两个链环的连通和的复杂程度是那两个链环的复杂程度之和，而复杂程度是 0 的只有平凡纽结. 性质（2）说，卫星结如果不与主星结同痕，就一定比主星结复杂程度更高.

性质（1）的推论之一是：两个不平凡纽结的和不可能是平凡纽结. 换句话说，打好一个结以后不可能接着打一个结来与它抵消.

习　题

1. 线绳魔术之一

用一条线绳，先打一个左手三叶结，可是不拉紧；再打一个右手三叶结，成为一个方结，也不拉紧；然后以迅捷的手法穿插一下，看来这结更结实了. 然而一拉紧，线绳结消失了！

原来这是一个平凡纽结.

这与 §1.5（C）中"不能用打结来解结"的说法有没有矛盾？

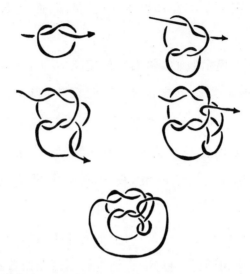

2.线绳魔术之二

拿两把锁好的挂锁,做一个绳圈把它们套住,如下图所示,交给观众,请他们试着把绳圈取下来.(当然不许割断绳圈,也不许开锁.)然后,不去动绳圈,把两把锁互相扣起来.这时绳圈居然可以取下了! 试解释这个现象.

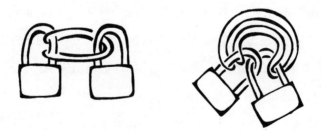

二　琼斯多项式
——20 世纪 80 年代的一颗数学明珠

　　纽结理论的主要课题,是寻求既有强的分辨不同纽结的能力,又易于计算的同痕不变量.1928 年,美国数学家亚历山大(Alexander)取得重大的突破,他给每个纽结联系上一个多项式不变量.1969 年,英国数学家康伟(Conway)在研究这个不变量的计算方法时对它稍作改进.改进后的亚历山大多项式,是给每个有向投影图 L 对应上一个多项式 $\Delta(L)$.这里说的多项式比中学里讲的多项式概念稍广,是指有限多个形如 $a_k t^k$ 的项的和,各项的系数 a_k 都是整数,而 t 的方幂 k 则可以是整数也可以是半整数(如 $\pm\dfrac{1}{2}$, $\pm\dfrac{3}{2}$,等等).$\Delta(L)$ 就称为 L 的亚历山大多项式.这个对应有下面三个基本性质:

　　(1)同痕不变性.对有向投影图 L 施行三种初等变换

$R1, R2, R3$ 时, $\Delta(L)$ 都不改变, 因而同痕的有向链环有相同的亚历山大多项式.

(2) 拆接关系式.

$$\Delta(\text{✕}) - \Delta(\text{✕}) + (t^{1/2} - t^{-1/2})\Delta(\text{⌣}) = 0,$$

其中的 ✕, ✕, ⌣ 代表三个几乎完全一样的有向投影图, 只在某一交叉点附近有画出的不同形状.

(3) 标准值. 平凡的投影图 ◯ 对应于最简单的非零多项式, $\Delta(\text{◯}) = 1$.

同痕不变性告诉我们, 如果两个有向投影图的亚历山大多项式不相等, 它们就不同痕. 例如三叶结的亚历山大多项式是 $t - 1 + t^{-1}$, 所以三叶结不是平凡的. 不过, 有相同的亚历山大多项式的两个纽结却不一定等价. 我们不能用亚历山大多项式来辨别方结与懒散结, 也不能区分左手三叶结与右手三叶结. 亚历山大多项式区分不同纽结的本领相当大, 19 世纪末的纽结表中的那些交叉数不超过 8 的素纽结, 它们的亚历山大多项式各不相同, 这就从数学上证明了它们确是不同的纽结. 亚历山大多项式的发现, 是纽结理论的一个里程碑.

拆接关系式 (2) 是康伟的重要发现. 它告诉我们, 当在一个交叉点处改动投影图时, 对亚历山大多项式有什么影

响. 在不改变图中每条线的走向的前提下, 只有两种改动
办法:

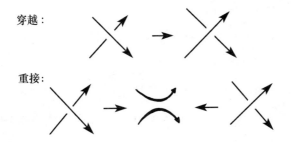

穿越使这个交叉点的正负号反转, 而重接则实际上消除了
这个交叉点. 拆接关系式使我们能把一个投影图的计算归
化为另外两个(往往较简单的)投影图的计算, 十分有用, 使
康伟本来准备用计算机作的一些计算, 用手算就完成了. 有
趣的是, 后来分子生物学的研究表明, 穿越与重接也是
DNA 的几何结构发生改变的两种基本方式(参看第六
章 §6.3).

　　以上是有关多项式不变量的历史背景.

＊　　　＊　　　＊

　　1984 年春天, 新西兰数学家琼斯(Jones)在讲他关于
算子代数(这是泛函分析的一个领域, 与理论物理学中的量
子力学有密切关系)的研究成果. 听众中的美国拓扑学家伯
曼(Birman)告诉他, 演讲中的一组公式与拓扑学中研究纽
结不变量时遇到的一组公式很相像. 经过几次长谈, 琼斯终

于弄清了二者之间的联系,从他关于算子代数的定理中引申出纽结与链环的一个多项式不变量.它是同痕不变量,有类似的拆接关系式因而计算也方便,然而使人惊奇的是,它能辨别左、右手三叶结,因而为研究纽结与链环的手征性提供了有力的工具.

一位泛函分析学家在纽结理论中取得重大突破!这戏剧性地说明了表面上相距甚远的数学分支之间有着深刻的联系和内在的统一性,使数学界大为激动.纽结不变量的研究也因此被推到世界数学舞台的中央,非常活跃,硕果累累.

一方面,发现了二元多项式不变量,包含亚历山大多项式与琼斯多项式这两个一元多项式为特殊情形,鉴别力比二者都更强,而计算一样方便.这样的二元多项式不变量,已发现了不止一种.

另一方面,找到了纽结理论与量子统计力学、量子场论的结合点,大大丰富了数学与理论物理学之间的交叉.这不但大大推动了理论物理学的前进,反过来,物理学家们也为数学做出贡献,提出了一系列的纽结不变量.

再一方面,建立了琼斯多项式的状态模型,可以从投影图直接把琼斯多项式写出来,这就为琼斯多项式的几何应用开辟了道路.百年前编纽结表的先驱者们提出的关于交错纽结的一个猜测就是用了琼斯多项式才得到了证明.

这一系列进展都发端于琼斯的开创性工作.四年一度的世界数学家大会 1990 年在日本京都举行时,琼斯荣获菲尔兹奖,这在数学界是相当于诺贝尔奖的殊荣.而在大会上介绍琼斯的成就的,正是为琼斯多项式的诞生贡献了一份力量的伯曼.1990 年获菲尔兹奖的一共有四人,另三人有二人是理论物理学家,这二人也对纽结不变量理论有所贡献.

本章的内容就是用状态模型方法来介绍琼斯多项式.这种讲法完全不需要高等数学的准备知识,而且几何意义很明显.§2.1 讲什么叫琼斯多项式,§2.2 和 §2.3 用状态模型法构作出这个不变量,并且证明其基本性质.在书末的附录 2 中,我们列出了各纽结与链环的琼斯多项式.

§2.1 琼斯的多项式不变量

琼斯的主要贡献是:

定理 存在一个对应 V,给每个有向投影图 L 联系上 t 的整数系数多项式 $V(L)$,满足以下三个条件:

(1)同痕不变性

如果有向投影图 L 与 L' 互相同痕,它们所对应的多项式相等,$V(L) = V(L')$.

(2)拆接关系式

$$t^{-1} \cdot V(\times) - t \cdot V(\times) = (t^{1/2} - t^{-1/2}) \cdot V(\smile),$$

其中的 $\diagup\!\!\!\diagdown$, $\diagup\!\!\!\diagdown$, $\smile\!\!\!\frown$ 代表三个几乎完全一样的有向投影图,只在某一个交叉点附近有画出的不同形状.

(3)标准值

平凡纽结 $\bigcirc$ 所对应的多项式是

$$V(\bigcirc) = 1.$$

我们称 $V(L)$ 为 L 的琼斯多项式.

性质(1)(2)(3)使我们能够相当方便地算出一些常见的纽结与链环的琼斯多项式.

例 1 平凡链环.

把拆接关系用于下面三个投影图. 左边两个都是平凡纽结,它们的 V 都是 1,所以

$$t^{-1} \cdot 1 - t \cdot 1 = (t^{1/2} - t^{-1/2}) V(\bigcirc\bigcirc),$$

从而

$$V(\bigcirc\bigcirc) = -(t^{-1/2} + t^{1/2}).$$

记 $\delta = -(t^{-1/2} + t^{1/2})$. 反复使用刚才的办法就能证明,

如果 L 是由 c 个互不交叉的圈组成的投影图,它的琼斯多项式 $V(L)=\delta^{c-1}$.

例 2 简单圈套.

把拆接关系用于

中间是平凡链环,右边是平凡纽结,所以

$$t^{-1} \cdot V(\text{⊂⊃}) - t \cdot \delta = (t^{1/2} - t^{-1/2}) \cdot 1,$$

从而

$$V(\text{⊂⊃}) = -t^{1/2} - t^{5/2}.$$

把拆接关系用于

就能算出

$$V(\text{⊂⊃}) = -t^{-5/2} - t^{-1/2}.$$

简单圈套这两种不同定向互不同痕,我们以前已经用环绕数论证过了,现在用琼斯多项式又一次得到验证.

例 3 三叶结.

先算右手三叶结.把拆接关系用于

中间是平凡纽结,右面是例 2 中已经算出的简单圈套. 所以

$$t^{-1} \cdot V(\text{}) - t \cdot 1 = (t^{1/2} - t^{-1/2})(-t^{1/2} - t^{5/2}),$$

算出 $V(\;) = t + t^3 - t^4.$

要算左手三叶结,就要用另一组

这次左面是平凡纽结,右面是例 2 已算过的,所以写出拆接关系后算出

$$V(\;) = -t^{-4} + t^{-3} + t^{-1}.$$

左右手三叶结的琼斯多项式不一样,所以它们不同痕.

例 4 8 字形结.

用拆接关系

中间是平凡纽结,右边是例 2 算过的简单链环,所以

$$t^{-1} \cdot V(\text{}) - t \cdot 1 = (t^{1/2} - t^{-1/2})(-t^{-5/2} - t^{-1/2}),$$

化简得

$$V(\text{}) = t^{-2} - t^{-1} + 1 - t + t^2.$$

以上的例子使我们熟悉了拆接关系式的用法. 按照先简单后复杂的原则,我们总能设法用拆接关系把一个投影图归结为两个比它简单的投影图,所以每个投影图的琼斯多项式在原则上总可以根据那三条基本性质(1)(2)(3)计算出来. 问题在于,拆接关系的用法太灵活了. 对于给定的投影图,你可以先在这个交叉点用它,也可以先在另一个交叉点用它. 按不同的顺序施用于各交叉点,所得的结果会不会不相同而导致矛盾呢? 琼斯的定理说,不会的,因为存在一个唯一确定的多项式 $V(L)$,不管你怎么算,最后结果总是它.

琼斯证明他的定理的办法,是利用算子代数的研究成果把这个 $V(L)$ 构造出来. 我们在后两节中,将用考夫曼(Kauffman)提出的尖括号多项式来构作出定理中的 $V(L)$.

习 题

试利用拆接关系式算出书末附录 2 中的纽结 5_1 与 5_2 的琼斯多项式.

§2.2 尖括号多项式

现在让我们来尝试构作纽结与链环的同痕不变量. 我们暂且不在链环上规定走向, 也就是说我们考虑的是无向链环. 我们企图给每一个投影图规定一个多项式, 投影图 L 的多项式记作 $\langle L \rangle$ (叫作 L 的尖括号多项式), 希望它具备一些基本性质. 既然我们用交叉点的多少作为衡量一个投影图复杂程度的主要指标, 我们自然希望知道当我们抹去一个交叉点时, 这多项式会怎样改变. 有两种办法来抹去一个交叉点: 把上下两条线都断开然后如图重新接上:

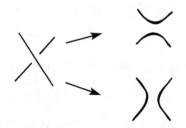

我们的第一个基本假设是

(a) $\qquad \langle \times \rangle = A \langle \asymp \rangle + B \langle)(\rangle$

这个式子里的三个小图,分别代表三个几乎完全一样的投影图,它们只在一个小区域内彼此不同,式子里画出的就是这局部的不同形状. 所以公式(a)代表了无数个下面那样的等式:

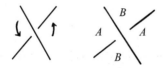

公式(a)可以这样来解释. 两条交叉的线把交叉点附近分成四片. 把上边的线沿逆时针方向转到下边的线,所扫过的两片标以字母 A,另两片标以字母 B:

公式(a)可以看成

$$\langle \times \rangle = A \langle \asymp \rangle + B \langle)(\rangle,$$

等式右边是"打开 A 通道"再乘以 A,加上"打开 B 通道"再乘以 B. 按照这种解释,公式(a)也包含了下面的公式

(a′) $\qquad \langle \times \rangle = B \langle \asymp \rangle + A \langle)(\rangle,$

因为这交叉点的标记方式是 $B\diagup\!\!\!\diagup A$. (图中标记 B 在左上，A 在右上，A 在下)

公式(a)称为〈L〉的拆接关系式.

以 ◯ 表示平面上的一个简单闭曲线. 如果 L_1 与 L_2 是两个投影图. 以 $L_1 \amalg L_2$ 表示 L_1 与 L_2 的拼, 即把 L_1 与 L_2 互不相交也互不交叉地拼在一起构成的新的投影图. 我们的第二条基本假设是

(b) $$\langle \bigcirc \amalg L \rangle = d\langle L \rangle,$$

这里的字母 d 也是多项式的变元. 这就是说, 如果在投影图中随便什么地方添上一个不交叉的圈, 多项式就要乘上 d, 例如

$$\langle \textcircled{\bigcirc}\bigcirc \rangle = d^2 \langle \bigcirc \rangle.$$

最后一个基本假设是为最简单的投影图 ◯ 规定一个最简单的多项式, 即

(c) $$\langle \bigcirc \rangle = 1.$$

我们的多项式〈L〉暂时是三个变元 A, B, d 的整数系数的多项式. 上面三条基本假设是不是把这多项式确定下来了呢? 如果一个投影图没有交叉点, 它就由一些互不相交的简单闭曲线组成. 假设公式(b), 公式(c)告诉我们

$$\langle N \text{ 条互不相交的简单闭曲线} \rangle = d^{N-1}.$$

对于有交叉点的投影图, 每用一次基本假设(a)我们抹掉一

个交叉点,最后总能把交叉点全部抹掉,归结成上述没有交叉点的情形.所以,随便给你一个投影图,你总能用把交叉点逐个抹去的办法,最后算出这投影图的多项式来.下页的图提供了运用这个程序的实例.不过,这里有个值得注意的问题:如果你按两个不同的顺序把交叉点逐个抹去,所得的计算结果是否一定相同? 若发生冲突,就不好了.幸而在我们这里,抹去的顺序与最后结果没有关系.事实上,我们可以把最后结果用公式写出来.

试设想把全部交叉点都抹去后的状态(而不去理会它们被抹去的顺序).每个交叉点处都打开了一个通道,不是 A 通道就是 B 通道.换句话说,我们规定:投影图 L 的一个状态 S 是一组选择,对每个交叉点选取一个打开的通道.表示状态的方法是在每个交叉点处放一个标记显示打开的通道.如果 L 有 $n(L)$ 个交叉点,那么它共有 $2^{n(L)}$ 个状态.

对于一个状态 S,以 $i(S)$ 记 S 所打开的 A 通道的个数,$j(S)$ 记打开的 B 通道的个数,$|S|$ 记这些通道全部打开后那个没有交叉点的投影图由多少个简单闭曲线组成.例如

$$i(S)=1, \quad j(S)=2, \quad |S|=2.$$

交叉点排顺序

抹去交叉点 1

抹去交叉点 2

抹去交叉点 3

用公式(a)来逐个抹去其全部交叉点,也就把$\langle L \rangle$展开成$2^{n(L)}$项之和,每一项对应于一个状态.在展开过程中每打开一个A通道出现一个因子A,每打开一个B通道出现一个因子B,最后出现的那些简单闭曲线提供d的一个方幂,所以状态S对这展开式的贡献是$A^{i(S)}B^{j(S)}d^{|S|-1}$.于是我们得到

命题 1 $\langle L \rangle = \sum_{S} A^{i(S)} B^{j(S)} d^{|S|-1}$,这里的和式是对投影图$L$的全体状态求和.这个公式称为尖括号多项式的状态模型公式.

总结起来,我们已经做的是,对于每一个投影图(更准确地说是无向投影图)L,规定了一个多项式$\langle L \rangle$,它是字母A, B, d的多项式,系数都是整数.我们现在来问:怎样从$\langle L \rangle$得到纽结与链环的同痕不变量呢?

为此我们要考察$\langle L \rangle$在L的三种初等变换$R1, R2, R3$之下有什么变化.先看$R2$.反复运用基本假设(a)和(b),我们算得

$$\langle \rangle = A\langle \rangle + B\langle \rangle$$

$$= A^2 \langle \rangle + AB\langle \rangle +$$

$$BA\langle \rangle \langle \rangle + B^2\langle \rangle$$

$$= AB\langle \rangle \langle \rangle + (A^2 + B^2 + ABd)\langle \rangle.$$

所以,如果 A,B,d 之间有关系式 $AB=1$ 和 $d=-A^2-B^2$,那么 $\langle L\rangle$ 就在 $R2$ 下不变. 我们还高兴地发现,一旦 $\langle L\rangle$ 在 $R2$ 下不变它在 $R3$ 下也不变,因为

$$\langle\ \rangle=A\langle\ \rangle+B\langle\ \rangle$$

$$\overset{R2}{=}A\langle\ \rangle+B\langle\ \rangle$$

$$\overset{R2}{=}A\langle\ \rangle+B\langle\ \rangle$$

$$=\langle\ \rangle.$$

归结起来,我们有

命题 2　如果 A,B,d 之间有关系式 $AB=1$ 与 $d=-A^2-B^2$,那么 $\langle L\rangle$ 就在 $R2,R3$ 这两种初等变换之下不改变.

有鉴于此,我们从今以后规定 $B=A^{-1},d=-A^2-A^{-2}$. 把 $\langle L\rangle$ 中的 B 和 d 都按此代入后,$\langle L\rangle$ 的表达式中就只有 A 了,但 A 的方幂不一定是正整数,也可以是负整数. 平常说到多项式时,变量肩膀上的方次只能是正整数的,我们今后就放宽来理解,多项式的各项中变量的方次可以取任意整数. 这样我们就仍旧可以说,$\langle L\rangle$ 是变元 A 的整数系数多项式.

$\langle L\rangle$ 在初等变换 $R1$ 下的改变也不难算出:

$$\langle\ \rangle=A\langle\ \rangle+B\langle\ \rangle$$

$$=(Ad+B)\langle\ \rangle=-A^3\langle\ \rangle,$$

同理

$$\langle \text{图} \rangle = -A^{-3} \langle \frown \rangle.$$

命题 3 记 $\alpha = -A^3$. 那么

$$\langle \text{图} \rangle = \alpha \langle \frown \rangle,$$

$$\langle \text{图} \rangle = \alpha^{-1} \langle \frown \rangle.$$

这个命题在计算 $\langle L \rangle$ 时相当有用. α 这个记号也很形象,像是一条铁丝被拧了一下.

例 1 $\langle \text{图} \rangle = A \langle \text{图} \rangle + A^{-1} \langle \text{图} \rangle$

$$= A \alpha + A^{-1} \alpha^{-1} = -A^4 - A^{-4}.$$

例 2 $\langle \text{图} \rangle = A \langle \text{图} \rangle + A^{-1} \langle \text{图} \rangle$

$$= A(-A^4 - A^{-4}) + A^{-1} \alpha^{-2}$$

$$= -A^5 - A^{-3} + A^{-7}.$$

尖括号多项式 $\langle L \rangle$ 在 $R1$ 下是要改变的,要乘上 $\alpha^{\pm 1}$. 我们不可以为了使 $\langle L \rangle$ 在 $R1$ 下不变而再简单地要求 $\alpha = 1$ 了,否则就有 $A = -1$,$\langle L \rangle$ 就不再是个多项式而只是一个整数,包含的信息太少了.

思考题 试证明,如果在 $\langle L \rangle$ 中令 $A = -1$,那么 $\langle L \rangle$ 的值等于 $(-2)^{c(L)-1}$,其中 $c(L)$ 是链环 L 的分支数.

作为小结,我们来引进一个概念. 两个投影图 L 与 L',

如果可以通过一连串 $R2$ 与 $R3$ 变换把 L 变成 L'(注意不许用 $R1$),我们说 L 与 L' 是正规同痕(regular isotopy).这样我们就可以小结说,尖括号多项式 $\langle L \rangle$ 是无向投影图 L 的正规同痕不变量.

§2.3 琼斯多项式及其基本性质

为了把尖括号多项式改造成为一个同痕不变量,我们需要设法抵消 $R1$ 变换所引起的改变.所以我们转而考虑有向的纽结与链环,投影图的每条线上也就有了用箭头表示的走向.对于这种有向投影图 L,我们定义过它的拧数 $w(L)$(参看第一章 §1.4),就是 L 的各交叉点的正负号之和. $w(L)$ 也是在初等变换 $R2,R3$ 之下不变,而在 $R1$ 之下改变的.我们设法把尖括号多项式和拧数结合起来,使它们在 $R1$ 下的变化互相抵消.

定义 对于有向投影图 L,定义

$$f(L) = \alpha^{-w(L)} \langle L \rangle,$$

这里 $\langle L \rangle$ 表示把 L 上的箭头去掉后那个无向投影图的尖括号多项式.(记住,$\alpha = -A^3$.)这里 $f(L)$ 是变元 A 的整系数多项式.

定理 1 $f(L)$ 是有向链环的同痕不变量.

证明 对于有向投影图来说,拧数 $w(L)$ 在 $R2,R3$ 下显然都不变.与 §2.2 的命题 2 合起来,知 $f(L)$ 在 $R2,R3$

下不变. 在 $R1$ 变换下,$\langle L \rangle$ 是要变的($\S 2.2$ 命题 3),$w(L)$ 也要变,它们的变化在 $f(L)$ 的式子中恰好消去. 例如当用 $R1$ 变换把 ⟶ 变成 ↗ 时,$\langle L \rangle$ 乘上 α 而 $w(L)$ 加上 1,所以 $f(L) = \alpha^{-w(L)} \langle L \rangle$ 没有改变. 证毕.

这样我们终于得到了有向链环的一个同痕不变量. 为了与 $\S 2.1$ 中琼斯的记号一致,再做一个变元替换 $A = t^{-1/4}$.

定义　有向链环的琼斯多项式 $V(L)$ 定义为

$$V(L)(t) = f(L)(t^{-1/4}),$$

它是变元 t 的整系数多项式.(这里我们进一步放宽多项式的概念,允许变元的方次是半整数. 参看习题 1.)

定理 2　有向投影图 L 的同痕不变量 $V(L)$ 具有以下两条基本性质:

(i) $t^{-1} V(\times) - t V(\times) = (t^{1/2} - t^{-1/2}) V(\asymp)$,

(ii) $V(\bigcirc) = 1$.

证明　根据 $\langle L \rangle$ 的基本性质(a)与(a′),

$$\langle \times \rangle = A \langle \smile \rangle + A^{-1} \langle \,)(\, \rangle,$$

$$\langle \times \rangle = A^{-1} \langle \smile \rangle + A \langle \,)(\, \rangle,$$

所以

$$A \langle \times \rangle - A^{-1} \langle \times \rangle = (A^2 - A^{-2}) \langle \smile \rangle,$$

把式子 $\langle L \rangle = \alpha^{w(L)} f(L)$ 代入上式,由于

$$w(\times) = w(\smile) + 1, \quad w(\times) = w(\smile) - 1,$$

得到

$$A\,\alpha f(\times) - A^{-1}\alpha^{-1} f(\times) = (A^2 - A^{-2}) f(\smile),$$

即

$$A^4 f(\times) - A^{-4} f(\times) = (A^{-2} - A^2) f(\smile).$$

这是 $f(L)$ 的拆接关系式. 用 $A = t^{-1/4}$ 代入即得式(i). 性质(ii)是明显的. 证毕.

这样我们就证明了 §2.1 中叙述的琼斯的定理.

附记 多项式 $\langle L \rangle$ 与 $f(L)$ 是考夫曼提出的. 对比 $V(L)$ 的拆接关系式(i)与上面证明中的 $f(L)$ 的拆接关系式,就看出把 $V(L)$ 与 $f(L)$ 联系起来的代换是 $A = t^{-1/4}$,或者说 $t = A^{-4}$.

例 1 $$f(\bigcirc\!\!\bigcirc) = \alpha^{-2} \langle \bigcirc\!\!\bigcirc \rangle$$
$$= A^{-6}(-A^4 - A^{-4})$$
$$= -A^{-2} - A^{-10},$$

$$V(\bigcirc\!\!\bigcirc) = -t^{1/2} - t^{5/2}.$$

例 2 $$f(\text{trefoil}) = \alpha^{-3} \langle \text{trefoil} \rangle$$
$$= -A^{-9}(-A^5 - A^{-3} + A^{-7})$$

$$=A^{-4}+A^{-12}-A^{-16},$$

$$V(\text{})=t+t^3-t^4.$$

一个投影图 L 的**镜像** L^* 是指把 L 的每个交叉点的上线改作下线，下线改作上线所得到的投影图．如果设想纸面是一块镜子，L^* 就是 L 在这镜子中的像．（参看第一章 §1.2）

命题 1 $\langle L^* \rangle(A)=\langle L \rangle(A^{-1}), w(L^*)=-w(L),$ $f(L^*)(A)=f(L)(A^{-1})$，因而 $V(L^*)(t)=V(L)(t^{-1})$．

证明 第一式是因为从尖括号多项式的状态模型来看，L^* 的 A 通道恰好是 L 的 B 通道，L^* 的 B 通道则是 L 的 A 通道．第二式是显然的．后两式是前两式的推论．证毕．

推论 如果链环 L 与它的镜像同痕，那么 $V(L)(t)=V(L)(t^{-1})$，即 $V(L)$ 对于 t 与 t^{-1} 来说是对称的．

由于三叶结 T 的 $V(T)=t+t^3-t^4$，关于 t 与 t^{-1} 不对称，所以 T 是有手征的．在有琼斯多项式以前，这件事是很不容易证明的．

一个有向投影图 L 的逆 L^{-1}，是指把 L 的走向反过来（全部箭头都反转）得到的有向投影图．（参看第一章 §1.4）L^{-1} 与 L 有相同的拧数，因为在一个交叉点处把两条线的箭头同时反转并不改变这交叉点的正负号．因此 $f(L^{-1})=f(L), V(L^{-1})=V(L)$．不论 L 与 L^{-1} 是否同痕，它们的琼斯多项式总是一样的. 所以琼斯多项式没有能力来鉴别出不可逆的链环.

对于纽结(一个分支的链环)来说,只有两个走向,得到相同的琼斯多项式,所以说到纽结的琼斯多项式时实在不必去提及它的走向.

对于有不止一个分支的链环,如果只改变一部分(而不是全部)分支的走向,琼斯多项式是会发生变化的. 但下面的命题说明,这种变化只限于乘一个形如 t^k 的因子(k 是整数). 除这点差异外,琼斯多项式基本上与走向无关. 比如第三章 §3.2 讨论的跨度,即 t 的最高方幂与最低方幂之差,就与走向无关.

命题 2 设 L 是有向链环,k 是它的一个分支. 把 k 的走向反转,而不改变 L 的其余分支的走向,得到有向链环 L',那么 $V(L') = t^{-3\lambda}V(L)$,其中 λ 是 k 与 L 的其余各分支的环绕数之和.

证明 $\langle L' \rangle = \langle L \rangle$,因为尖括号多项式与走向无关. 计算拧数时,只有 k 与其他分支交叉处的正负号变了,这些正负号之和恰好是 k 与这些分支的环绕数之和的 2 倍.(参看第一章 §1.4)所以 $w(L') = w(L) - 4\lambda$. 于是 $f(L') = \alpha^{-w(L')}\langle L' \rangle = \alpha^{4\lambda}\alpha^{-w(L)}\langle L \rangle = A^{12\lambda}f(L)$. 然后用 $A = t^{-1/4}$ 代入,得到 $V(L') = t^{-3\lambda}V(L)$. 证毕.

由此可见,琼斯多项式也包含了环绕数的信息.

关于有向链环的和与拼的琼斯多项式,我们有

命题 3 (i)$V(L_1 \sharp L_2) = V(L_1)V(L_2)$;

(ii)$V(L_1 \amalg L_2) = -(t^{1/2} + t^{-1/2})V(L_1)V(L_2)$.

在(i)中 $L_1 \sharp L_2$ 表示有向链环 L_1 与 L_2 的和(参看第一章§1.5),不论 L_1 的哪个分支加到 L_2 的哪个分支上都行.这命题的证明并不困难,请读者自己来做.

例

的两种不同的和

它们是不等价的,因为它们的分支是不同的纽结.然而根据命题 3,它们的琼斯多项式相同.

习 题

1.试证明,对于任一有向投影图 L,$f(L)$ 的各项中 A 的方次总是偶数.因而 $V(L)$ 中各项的 t 的方次或者是整数,或者是整数加 $\frac{1}{2}$.

2.试证明,在琼斯多项式的拆接关系式中的三个投影图之间,一定有关系式

$$c(\times) = c(\times) = c(\asymp) \pm 1,$$

这里 $c(L)$ 表示投影图 L 的分支数. 由此证明,当 $c(L)$ 是奇数时,$V(L)$ 中 t 的方次都是整数;当 $c(L)$ 是偶数时,$V(L)$ 中 t 的方次都是整数加 $\frac{1}{2}$.

3.计算 $\langle W \rangle$ 并证明 W 不是平凡的.

4.计算方结与懒散结的琼斯多项式.

三 交错纽结与交错链环

交错纽结与交错链环是最早引起编制纽结表的人注意的一类纽结与链环. 我们先说明其定义. 链环的投影图称为**交错**的, 如果沿着该图中的每条线, 交叉点都是一上一下地交替出现的. 一个纽结或链环称为**交错纽结**或**交错链环**, 如果它有交错的投影图. 下面是方结的两个投影图, 左边那个是不交错的, 而右边那个是交错的; 所以方结是交错结.

看看纽结表(参看书末附录 2), 交叉数小于 8 的纽结全都是交错结. 纽结表中第一个不交错的投影图是 8_{19}. 你能断定它不是交错结吗? 它会不会同痕于一个(哪怕是交叉点很多的)交错的投影图呢? 对于 8_{19} 这个纽结来说, 到 1930 年才有人证明了它确实不是交错纽结.

　　纽结理论的先驱者泰特等人在 19 世纪末制作第一张纽结表时,就注意到一条经验规律:一个交错的投影图往往是该纽结的最简单的(交叉点最少的)投影图.为了把这条经验归纳成一个数学命题,我们先观察两种例外的现象.

　　第一,下图的投影图中央的那个交叉点很易除去,只需

把标着 F 的那一块翻转即可.如果原投影图是交错的,新的就也是交错的.这种交叉点称为**可去**的,其特征是:该交叉点近旁的四片中有两片属于四岔地图(参看第一章§1.2或本章§3.1)的同一个区域.

　　第二,如果下图左方那个投影图是交错的,那么把标着

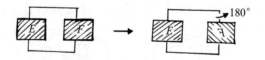

F 的那块翻转所得的右方投影图就不是交错的,而二者的交叉点数相同.按照第一章§1.5 的说法,这样的投影图是 E,F 那两个非平凡的投影图的连通和.其特征是,在四岔地图中某两个区域有不止一条公共边界.

　　泰特等人的经验规律是:一个交错投影图如果没有可去交叉点,它所代表的链环就不会有交叉点更少的投影图.

这条经验规律到 1986 年才被考夫曼和村杉(Murasugi)证明,成为数学上的定理.所用的工具正是琼斯多项式.

本章的主要目的就是介绍琼斯多项式的这个应用.为此我们先在§3.1 中讨论与交错纽结关系密切的一个地图着色问题:四岔地图的着色.§3.2 中我们研究交错链环的琼斯多项式的跨度,从而证明泰特等人的经验规律.§3.3 中我们证明交错链环的琼斯多项式的系数正负相间,因而 8_{19} 显然不可能是交错纽结.

凡是谈到琼斯多项式时,我们沿用第二章中的各种记号.

§3.1　四岔地图的着色

在第一章我们讲过,如果在链环的投影图中把交叉点变成相交点(不再区分上、下线而在平面上相交),得到的平面图形叫作四岔地图,因为每个分岔点都是四岔的.

命题 1　四岔地图一定可以用两种颜色(黑与白)来着色,使相邻的区域颜色不同.

证明　对分岔点的数目作数学归纳法.如果分岔点数目是 0,这地图由若干条互不相交的简单闭曲线构成.这地图可以这样来着色:如果一个区域落在奇数条简单闭曲线的内部,就着黑色;在偶数条的内部,就着白色.

假设命题对分岔点数小于 k 的四岔地图都成立,我们

来证明它对有 k 个分岔点的也成立.任取一个分岔点,做如下图所示的手术就得到只有 $k-1$ 个分岔点的四岔地图.根据归纳假设将这新图用黑白二色着色后,原图也照新图的样子着色就行了.归纳法就完成了.证毕.

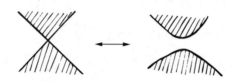

命题 2 设有一个连通的四岔地图,有 n 个分岔点, r 个区域.那么 $r=n+2$.

证明 对分岔点数目作数学归纳法.当没有分岔点时,由于这地图连通,它只能是一条简单闭曲线,$r=2$,$n=0$,所以公式成立.

归纳地假设命题对分岔点少于 k 个的四岔地图都成立,我们来证明它对有 k 个分岔点的四岔地图 M 也成立.任取一个分岔点,如下图有两种办法抹掉这个分岔点得到只有 $k-1$ 个分岔点的四岔地图.由于原图 M 连通,这两个新图中至少有一个也连通,记为 M'.对这个连通的新图,命题中的公式应该成立(归纳假设),即 $r'=n'+2$.新图的区域数 r' 是多少呢? 在原分岔点近旁的四片地方中被打通的两片,在原图中一定分属两个区域,否则新图就不连通了.因此新图的区域数 $r'=r-1$.显然 $n'=n-1$.所以

$r-1=(n-1)+2$,即 $r=n+2$.归纳步骤完成.证毕.

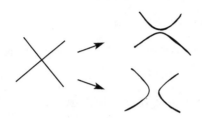

平面上每一张四岔地图都可以产生一张交错投影图.因为,一张四岔地图一旦有了黑白着色,我们就可以把它的每个分岔点改成上下交叉,使得从上线按逆时针方向转到下线所扫过的区域是黑色的.(用我们讲尖括号多项式时的术语来说,就是使 A 标号恰好落在黑色区域.)这样得到的投影图一定是交错的.例如

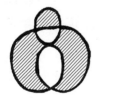

如果我们按另一种办法,使 A 标号都落在白色区域,也得到一个交错的投影图,它恰好是前面得到的那个的镜像.

习 题

1.著名的欧拉公式说,平面上的一个连通的地图如果有n个

分岔点,r 个区域,e 条边界线,那么

$$r-e+n=2.$$

试从这欧拉公式来证明命题 2.

2. 把四岔地图看成道路图,每个分岔点看成十字路口. 试证明,对任一四岔地图,我们一定可以用红、蓝二色给各条道路着色(不是给区域着色),使穿越十字路口直行时道路总变色.

§3.2 泰特猜测的证明

本节中,我们考虑的投影图都是**连通**的,即不能拆成两个投影图的拼. 对于一个多项式,把它的最高方次与最低方次之差叫作它的**跨度**,记作 span.

设 L 是个连通的、没有可去交叉点的交错投影图. 我们来分析尖括号多项式 $\langle L \rangle$ 的最高次项与最低次项. 设这图已用黑白两种颜色着色,使得每个交叉点处的 A 片都是黑的. 回想一下 $\langle L \rangle$ 的状态模型展开式

$$\langle L \rangle = \sum_S A^{i(S)} A^{-j(S)} d^{|S|-1}.$$

很自然会猜想,$\langle L \rangle$ 的最高次项来自那个"全 A 状态",即在每个交叉点处都打开 A 通道的状态. 这个状态对 $\langle L \rangle$ 的贡献是 $A^n d^{|S|-1}$,这里 $n=n(L)$ 是 L 的交叉点数目. 从黑白着色图来看,全 A 状态使黑色通道全部打通,于是黑色区域

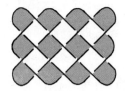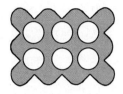

$$n=17, W=7, B=12, |S|=7=W$$

联成一体,把每个白色区域都团团围住互相隔离.以 B 与 W 分别表示原投影图中黑色区域数与白色区域数,那么 $|S|=W$.所以全 A 状态的贡献是 $A^n d^{W-1}=A^n(-A^2-A^{-2})^{W-1}$,其最高次项为 $\pm A^{n+2(W-1)}$.同理我们猜测 $\langle L \rangle$ 的最低次项是 $\pm A^{-n-2(B-1)}$.这样我们就猜到了.

定理 1 在上述假设与记号下,$\langle L \rangle$ 的最高次项与最低次项分别是 $\pm A^{n+2(W-1)}$ 与 $\pm A^{-n-2(B-1)}$,因而 $\langle L \rangle$ 的跨度 span$\langle L \rangle = 4n$.

证明 我们来分析 $\langle L \rangle$ 的最高次项.如前以 S 记 L 的全 A 状态.以 S', S'' 等表示任意的状态.注意 S' 对 $\langle L \rangle$ 的贡献是 $A^{i(S')-j(S')}(-A^2-A^{-2})^{|S'|-1}$,其最高次项的方次我们记作 $M(S')=i(S')-j(S')+2(|S'|-1)$.我们得到下面两个事实:

(i)如果状态 S' 是从状态 S'' 把一个 A 通道改为 B 通道而得,那么 $M(S') \leqslant M(S'')$.原因是,$i(S')=i(S'')-1$,$j(S')=j(S'')+1$,而由于 S' 与 S'' 的差别只是一个交叉点处的通道选择,所以 $|S'|=|S''| \pm 1$.当 $|S'|=|S''|+1$ 时,

$M(S')=M(S'')$；当$|S'|=|S''|-1$时，$M(S')=M(S'')-4$.

（ii）如果状态S'是从全A状态S改一个通道而得，那么$|S'|=|S|-1$. 原因是，按状态S打通全部黑色通道后所得的简单闭曲线恰是白色区域的边界线，在一个交叉点处改开白色通道恰使两个白色区域相通，因而边界线数目减少；除非该交叉点处的两个白片原属同一个白色区域，这与我们假定L没有可去交叉点相矛盾.

任一与S不同的状态S'，都是从S出发依次把若干A通道改成B通道而得，上述两个事实使我们知道，改第一次时，$M(S')=M(S)-4$，以后每改一次，$M(S')$又不能再升高. 所以$M(S')\leqslant M(S)-4<M(S)$. 这证明了$\langle L\rangle$的最高方次项的确只有来自全$A$状态的$\pm A^{n+2(W-1)}$.

至于方次最低的项，我们完全相仿地论证它是$\pm A^{-n-2(B-1)}$. 于是

$$\text{span}\langle L\rangle=[n+2(W-1)]-[-n-2(B-1)]$$
$$=2n+2(W+B-2).$$

要证明定理的最后一句话，只需证明$W+B-2=n$.

注意$W+B$等于四岔地图上的区域总数r. 根据§3.1命题2，对于连通的四岔地图有$r=n+2$. 这正是我们需要的. 证毕.

这个定理有一连串重要的推论.

推论1 设L是一个连通的、没有可去交叉点的交错

投影图,其交叉点个数是 $n(L)$. 那么 span $V(L) = n(L)$.

证明　从 $V(L)$ 的定义知道 span $V(L) = \dfrac{1}{4}$ span $\langle L \rangle$.

注意,我们讲过,span $V(L)$ 本来是与有向投影图 L 的走向无关的.

推论2　设 L、L' 都是没有可去交叉点的交错投影图. 如果 L 与 L' 同痕,那么 $n(L) = n(L')$.

证明　因为 $V(L)$ 是 L 的同痕不变量. 注意这推论对不连通的 L, L' 也成立.(为什么?)

下面我们来对任意的(不必交错的)连通投影图 L 建立 span $V(L)$ 与 $n(L)$ 的关系. 设 S 是 L 的任一状态. 我们用 $\hat{S}$ 表示与 S 正好相反的状态,在每个交叉点处 $\hat{S}$ 的标记都与 S 的相反.

$|S| = 2$　　　　　$|\hat{S}| = 2$

引理1　$|S| + |\hat{S}| \leqslant n(L) + 2$.

证明　对 L 的交叉点数 n 作归纳法. 当 $n = 0$ 时,$|S|$ 与 $|\hat{S}|$ 都是 1,引理成立(L 的连通性就用在这里!). 假设引理对 $n < k$ 的投影图成立,设 L 有 k 个交叉点. 任取 L 的一

个交叉点 P，在 P 点处的两个通道中，至少有一个被切开后不破坏连通性。切开这个通道，得到 $k-1$ 个交叉点的连通的投影图 L'。S 的标记决定 L' 的一个状态 S'，$\hat{S}$ 的标记决定 L' 的与 S' 相反的状态 $\hat{S}'$。如果 P 处切开的通道与 S 的标记一致，那么显然 $|S|=|S'|$，$|\hat{S}'|=|\hat{S}|\pm 1$（它们只在 P 处按不同方式切开，参看定理 1 的证明），于是 $|S|+|\hat{S}|\leqslant |S'|+|\hat{S}'|+1$；如果 P 处切开的通道与 S 的标记相反，那么 $|\hat{S}'|=|\hat{S}|$，$|S'|=|S|\pm 1$，同样有 $|S|+|\hat{S}|\leqslant |S'|+|\hat{S}'|+1$。根据归纳假设 $|S'|+|\hat{S}'|\leqslant k-1+2=k+1$，所以 $|S|+|\hat{S}|\leqslant k+1+1=k+2$。归纳步骤完成。证毕。

定理 2 对于连通的投影图 L，总有

$$\mathrm{span}\, V(L)\leqslant n(L).$$

证明 设 S 是 L 的全 A 状态。用定理 1 的证法我们看出 $\langle L\rangle$ 的最高方次 $\leqslant n(L)+2(|S|-1)$，最低方次 $\geqslant -n(L)-2(|\hat{S}|-1)$，所以 $\mathrm{span}\langle L\rangle \leqslant 2n(L)+2(|S|+|\hat{S}|-2)\leqslant 4n(L)$。因而 $\mathrm{span}\, V(L)=\dfrac{1}{4}\mathrm{span}\langle L\rangle \leqslant n(L)$。证毕。

推论 3 交错链环的（没有可去交叉点的）交错投影图必是最小的（交叉点数最少的）。换句话说，交错链环的交叉

指数(参看第一章§1.5),就等于它的没有可去交叉点的交错投影图上交叉点的个数.

证明　对于连通的交错投影图,这是定理 1 的推论 1 与定理 2 联合得出的结论.由此推断这对不连通的交错投影图也成立.

推论 4　设 L_1,L_2 都是交错链环,交叉指数分别是 m_1,m_2.则它们的连通和 $L_1 \sharp L_2$ 的交叉指数是 m_1+m_2.

证明　L_1 与 L_2 的没有可去交叉点的交错投影图作连通和,就是 $L_1 \sharp L_2$ 的没有可去交叉点的交错投影图.然后用推论 3.

推论 5　无手征的交错纽结的交叉指数是偶数.

证明　无手征的交错纽结的琼斯多项式的跨度是偶数.(参看第二章§2.3 的命题 1 与习题 2.)

更细致的分析告诉我们:

引理 2　设 L 是一个连通的投影图,S 是 L 的一个状态.假定 L 所对应的四岔地图上有一个区域 D 满足以下两个条件:

(i)D 与其每个邻区只有一条公共边;

(ii)在 L 的黑白着色图上,沿 D 的边界 S 的标记既有黑色通道又有白色通道.

那么 $|S|+|\hat{S}| \leqslant n(L)$.

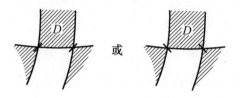

证明 对 $n(L)$ 作归纳法. 当 $n=2$ 时 L 与 S 必定如下图所示的形状. 所以引理成立.

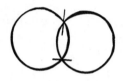

从 $n=k-1$ 到 $n=k$ 的归纳法步骤可以像证引理 1 时一样进行, 只要我们能证明下面的命题.

命题 如果 $n(L)>2$, 我们一定能抹去 L 的一个交叉点(打开该处的一种颜色的通道), 使所得的投影图 L' 仍是连通的, 而且仍有满足条件(i)和(ii)的区域.

证明 不妨设 D 区是黑色的, D 的边界上的两个交叉点 P_1, P_2 处 S 的标记分别是黑色与白色的. 假如 D 的边界上另外还有交叉点 P, 我们打开 P 处的白色通道得到 L'. 这 L' 仍是连通的, 否则 P 处的两个白片属于同一个区域 E, D 与 E 就有不止一条公共边, 与条件(i)抵触. 原来的 D 区域没有变化, 容易看出它在 L' 中仍满足条件(i)和(ii).

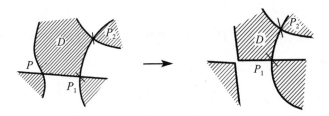

假如 D 只有 P_1、P_2 这两个交叉点,那么 D 的两个邻区 E_1、E_2 的边界上一定还有别的交叉点,因为 L 连通且 $n(L) > 2$. 不妨设 P 是 E_1 边界上与 P_1 相邻的另一交叉点. 以 L_1, L_2 分别记在 P 处打开黑通道与打开白通道所得的投影图. 既然 L 连通, L_1 与 L_2 不会都不连通. 如果 L_1 连通,取 $L' = L_1$, 显然 D 在 L' 中仍满足条件(i)和(ii). 如果 L_1 不连通,那么 E_2 与 F 不是 L 的同一区域(因为它们在 L_1 中被隔开了),所以 $E'_1 = E_1 + F$ 与 E_2 在 L_2 中不是同一

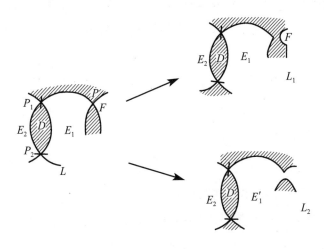

区域.这时取 $L'=L_2$ 就行.证毕.

推论 6 设 L 是连通的投影图,并且 L 不能分解成连通和.如果 L 不是交错的,那么

$$\mathrm{span}\, V(L) < n(L).$$

证明 以 S 记 L 的任一状态.在 L 的黑白着色下,S 的标记一定有黑有白,因为 L 不是交错的.又由于 L 不能分解成连通和,L 的每个区域都满足引理 2 中的条件(i).由此可见必有满足条件(i)和(ii)的区域存在.据引理 2,$|S|+|\hat S|\leqslant n(L)$.然而从定理 2 的证明中我们已知 $\mathrm{span}\langle L\rangle\leqslant 2n(L)+2(|S|+|\hat S|-2)$,所以 $\mathrm{span}\langle L\rangle\leqslant 4[n(L)-1]$.因而 $\mathrm{span}\, V(L)=\frac{1}{4}\mathrm{span}\langle L\rangle\leqslant n(L)-1$.证毕.

推论 7 素的交错链环的最小投影图一定是交错的.换句话说,素交错链环的非交错的投影图不可能是最小的.(此处最小是指交叉点数最少.)

附记 引理 2 的证明,是我国数学家吴英青于 1986 年完成的,当时他是北京大学的博士研究生.

习 题

1. 连通的交错投影图所代表的链环一定是不分离的.

2. 连通的交错投影图如果不能分解为两个非平凡投影图的连通和,它所代表的链环一定是素的.

3. 如果两个链环的拼是交错链环,这两个链环都是交错链环.

4. 如果两个链环的连通和是交错链环,这两个链环一定都是交错链环.

§3.3　交错链环与交错多项式

本节中我们将讨论交错链环的琼斯多项式有些什么特点. 我们将证明,它的系数应该正负相间,即交错链环的琼斯多项式是交错多项式. 这种讨论为我们识别非交错链环提供了武器:如果某链环的琼斯多项式不具备这个特点,它就不可能是交错链环. 与上节一样,实际上我们是讨论尖括号多项式. 本节中讨论的投影图,都假定是**连通**的. 设 L 是连通的投影图,有 $n(L)$ 个交叉点.

在第二章 §2.2 定义尖括号多项式时,我们曾利用拆接关系式把 $\langle L \rangle$ 展开,每抹去一个交叉点时有两种选择,一个图变成两个图,最后得到 $2^{n(L)}$ 个无交叉点的图,$\langle L \rangle$ 就是这 $2^{n(L)}$ 个简单图的贡献之和. 这种完全展开法,我们曾用三叶结投影图演示其全过程.

现在我们来提出另一种展开法. 先用黑、白二色把投影图 L 上色,并给交叉点排个顺序. 我们依此顺序来处理各交叉点,或作展开或不作展开. 处理的原则是:如果在该点打开黑、白两个通道所得的两个投影图都连通,我们就在该点作展开；否则在该点不作展开．不作展开的点称为截断点，有两种：打开白色通道后不连通的，称为黑截断点，因为该点把黑色区域分隔成两截；打开黑色通道后不连通的则称为白截断点．（事实上，截断点就是上一节所说的可去交叉点，不过现在我们不急着除去它们，反而要暂时保留它们，所以换个名称．）下两页的图用两个实例演示了按连通性原则作展开的全过程，图中交叉点旁注的黑、白二字表示截断点的种类．$\langle L \rangle$ 就展开成最后所得的那些图的贡献之总和．

请注意一个现象：最后得出的那些图都代表平凡纽结，事实上都可以用一串 $R1$ 步骤化成简单闭曲线，所以它们的尖括号多项式容易看出．这是这种展开法的精髓．例子中我们标出了它们的尖括号多项式以及 $\langle L \rangle$ 的展开式．（记住，$\alpha = -A^3, B = A^{-1}$．）

对这个展开过程的分析，是根据两个简单的命题．关于过程的每一步，我们有

命题 1　在一个交叉点作展开时：

（1）展开前的图上的黑、白截断点，在展开后的两个新图上都仍是黑、白截断点．

（2）在打开黑通道得到的新图上，黑区域比以前少了一个，白区域没有变，黑截断点也没有变；在打开白通道得到

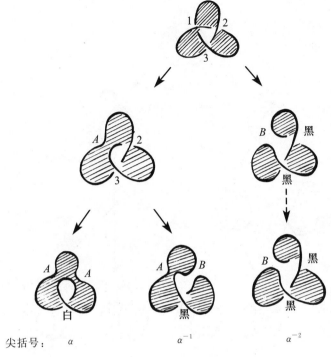

尖括号： α α^{-1} α^{-2}

展开式： $\langle L\rangle = A^2\alpha + AB\alpha^{-1} + B\alpha^{-2} = -A^5 - A^{-3} + A^{-7}.$

的新图上，白区域比以前少了一个，黑区域没有变，白截断
点也没有变.

　　证明　(1)是显然的.(2)新打开的黑走廊的两端原属
两个不同的黑区域，因为否则这里是白截断点，不应作展
开. 所以有所说的结论. 证毕.

　　关于过程终结时得到的图，我们有

　　命题 2　设一个连通的投影图的每个交叉点都是截断

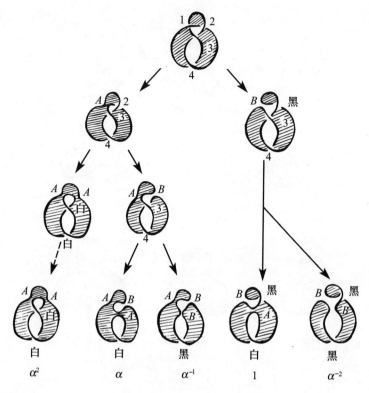

展开式： $\langle L \rangle = A^2 \alpha^2 + A^2 B \alpha + AB^2 \alpha^{-1} + AB1 + B^2 \alpha^{-2}$

$$= A^8 - A^4 + 1 - A^{-4} + A^{-8}.$$

点. 那么

(1) 此图可以经过一串 $R1$ 步骤化成简单闭曲线.

(2) 黑区域数＝黑截断点数＋1；

白区域数＝白截断点数＋1.

证明　对这种图的交叉点数作数学归纳法. 当交叉点

数为 0 时显然成立. 归纳假设: 当交叉点少于 k 个时命题成立. 设 L_0 是有 k 个交叉点的这种图. 任取 L_0 的一个交叉点, 不妨设它是黑截断点(若是白截断点可类似讨论), 打开白通道后断成两个连通图 L_1 与 L_2, 交叉点数都小于 k. 根据归纳假设, (1)L_1 与 L_2 都可经 $R1$ 步骤化成简单闭曲线, 所以 L_0 也行; (2)L_0 的黑区域数=L_1 的黑区域数+L_2 的黑区域数=L_1 的黑截断点数+L_2 的黑截断点数+2=L_0 的黑截断点数+1; L_0 的白区域数=L_1 的白区域数+L_2 的白区域数-1=L_1 的白截断点数+L_2 的白截断点数+1=L_0 的白截断点数+1. 归纳步骤完成. 证毕.

推论 设 L_0 是对 L 施行本过程最后得到的那些图之一, 那么

(1)L_0 可以经过一串 $R1$ 步骤化成简单闭曲线.

(2)L 的黑区域数-L_0 包含的黑走廊数=L_0 的黑截断点数+1;

L 的白区域数-L_0 包含的白走廊数=L_0 的白截断点数+1.

(3)如果 L_0 包含的走廊全是黑的, 那么 L_0 的黑截断点与 L 一样多; 如果 L_0 包含的走廊全是白的, 那么 L_0 的白截断点与 L 一样多.

证明 从上面两个命题立即可得.

有了这些准备, 我们现在来分析交错投影图的尖括号多项式.

设 L 是连通的交错的投影图,黑白着色后有 B 个黑区域,W 个白区域.我们假定所有分叉点处的 A 区都是黑的,B 区都是白的.取定其交叉点的一个顺序,施行上述的部分展开法,最后得到许多简单的图,设 L_0 是其中之一.我们来分析 L_0 对 $\langle L \rangle$ 的贡献.

设 L_0 有 p 个黑截断点,q 个白截断点,含有 r 个黑色

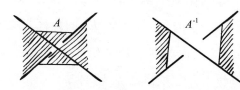

走廊,s 个白色走廊.黑色走廊提供因子 A,白色走廊提供因子 A^{-1},所以 L_0 对 $\langle L \rangle$ 的贡献是 $A^{r-s}\langle L_0 \rangle$.

L_0 既可用 R1 化成简单闭曲线[推论(1)],$\langle L_0 \rangle$ 必可利用拧数算出:给 L_0 取一个走向,算出拧数 $w(L_0)$,则 $\langle L_0 \rangle = \alpha^{w(L_0)}$.然而黑截断点与白截断点处的形状一定如下图所示,分别提供拧数 -1 与 $+1$,所以 $\langle L_0 \rangle = \alpha^{-p+q}$.

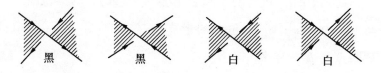

黑　　　　黑　　　　白　　　　白

于是 L_0 对 $\langle L \rangle$ 的贡献是 $A^{r-s}\alpha^{-p+q}$.然而刚才推论(2)告诉我们 $p+r=B-1$,$q+s=W-1$,所以 $p-q+r-$

$s=B-W$. L_0 对 $\langle L \rangle$ 的贡献可以写成 $A^{p-q+r-s}(A\alpha)^{-p+q}=A^{B-W}(-A^4)^{-p+q}$. B 与 W 是由 L 决定的,与 L_0 无关;p 与 q 才会随 L_0 不同而不同,所以 $\langle L \rangle$ 的展开式是

$$\langle L \rangle = A^{B-W} \sum_{L_0} (-A^4)^{-p+q}.$$

结论是,撤去一个因子 A^{B-W} 后,$\langle L \rangle$ 是 $(-A^4)$ 的正系数多项式! 我们把它写成

定理 1 设 L 是连通的交错投影图.那么撤去一个形如 $\pm A^k$ 的因子后,$\langle L \rangle$ 是($f(L)$ 也是)$(-A^4)$ 的正系数多项式.撤去一个形如 $\pm t^k$ 的因子后,$V(L)$ 是 $(-t)$ 的正系数多项式.

因此我们说,连通交错投影图的琼斯多项式是交错多项式,即其系数正负相间.

例 1 我们算过的三叶结 T 的 $V(T)=t+t^3-t^4$. 三叶结是交错纽结,这 $V(T)$ 的系数怎么看起来不正负相间呢? 原来是里面有缺项,缺了 t^2 项. 请注意我们并未排除有缺项的可能性.例 2 是三叶结 $T(2,3)$ 的推广.

例 2 以 $T(2,k)$ 记上图中的 k 个交叉点的投影图. 这是个交错链环(当 k 为奇数时是纽结, k 为偶数时是两个分支的链环). 在一个交叉点处作拆接展开:

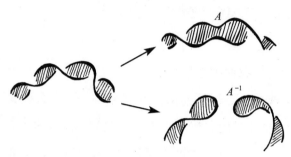

我们得到递推公式

$$\langle T(2,k)\rangle = A\langle T(2,k-1)\rangle + A^{-1}(\alpha^{-1})^{k-1},$$

而

$$\langle T(2,1)\rangle = \langle \, \bigcirc \, \rangle = \alpha.$$

由此不难算出, 当 $k \geqslant 2$,

$$\langle T(2,k)\rangle = A^{k-2}\{A\alpha + A^{-1}\alpha^{-1} + (A^{-1}\alpha^{-1})^2$$

$$+ \cdots + (A^{-1}\alpha^{-1})^{k-1}\}.$$

由于拧数 $w(T(2,k)) = k$, 所以

$$f(T(2,k)) = \alpha^{-k}\langle T(2,k)\rangle.$$

把 $\alpha = -A^3$ 和 $A = t^{-1/4}$ 代入并化简, 得到

$$V(L) = (-t^{1/2})^{k-1} \cdot$$

$$\{1 + t^2 - t^3 + t^4 - \cdots + (-1)^k t^k\}.$$

对于尖括号多项式的连通性展开式作更细致的分析后,可以得到

定理 2 设 L 是连通的交错的有向投影图,且 L 不能分解成两个投影图的连通和.那么,除非 L 与上例 2 中的 $T(2,k)$ 只有走向与镜像之差别,否则 $V(L)$ 中不会有缺项,即 $V(L)$ 形如 $\pm t^k \sum_{i=0}^{s} a_i(-t)^i$,其中 $a_i > 0$ 对于所有的 $0 \leqslant i \leqslant s$.

有人做过统计,交叉点不超过 13 个的一共 12 965 个素纽结,恰有 6 236 个非交错纽结.例如 8_{19} 就是非交错纽结,因为 $V(8_{19}) = t^3 + t^5 - t^8$.

习 题

1. 设 L 是连通的交错的投影图.

(1)设 $B=1$ 或 $W=1$,试证 L 是平凡纽结.

(2)设 $B=2$ 或 $W=2$,并且 L 无截断点.试证 L 与 $T(2,k)$ 至多只有走向、镜像之差别.

(3)试用本节的方法证明上节的定理 1.

2. 设 L 是一个投影图,有 $n(L)$ 个交叉点,由 μ 个互相分离的连通投影图 $L_1, L_2, \cdots, L_\mu$ 拼成.

(1)试证明:$\operatorname{span} V(L) \leqslant n(L) + \mu - 1$.

(2)试证明:如果 L 是交错的投影图,那么 μ 是 L 的同痕不

变量.

(3)试证明:如果 L 是交错的投影图并且没有可去交叉点,那么 $\operatorname{span} V(L) = n(L) + \mu - 1$.

(4)试证明:如果 $\operatorname{span} V(L) = n(L) + \mu - 1$,那么 L 的每个分离的块 $L_1, L_2, \cdots, L_\mu$ 或者是(没有可去交叉点的)交错投影图,或者可以分解成若干(没有可去交叉点的)交错投影图的连通和.

四　总的弯曲量

本章讨论的是闭折线的总的折曲角度——全曲率,指出它与该闭折线是否打结有关.本章的另一个目的是在研究方法上为下一章作个引导.

§4.1　闭折线的全曲率

折线是由直线段首尾相接而成,弯曲只发生在顶点处,衡量弯曲程度的,是顶点处的**外角**,即一段的延长线与另一段的夹角,取值范围在 0 与 π 之间.一条闭折线的**全曲率**,就是它的所有顶点处的外角的总和 $k = \alpha_1 + \alpha_2 + \cdots + \alpha_n$. 它衡量该闭折线的总的弯曲量.

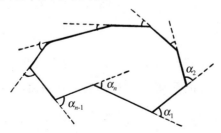

例 平面上的凸多边形是简单闭折线. 平面几何告诉我们, n 边形的内角和是 $(n-2)\pi$, 外角和是 2π. 所以凸多边形的全曲率是 2π.

本章的目的是证明下面两个定理.

芬舍尔(Fenchel)定理(1929) 设 L 是空间中的简单闭折线. 那么 L 的全曲率不小于 2π, 而且只有当 L 是平面上的凸多边形时, 全曲率才会等于 2π.

法利-米尔诺(Fary-Milnor)定理(1953) 设 L 是空间中的简单闭折线. 如果 L 有结(L 所代表的纽结不是平凡结), 那么 L 的全曲率大于 4π. 进一步说, 如果 L 所代表的纽结的桥指标[参看第一章 §1.5(C2)]是 $b>1$, 那么 L 的全曲率大于 $2b\pi$.

这两个定理原来说的都是光滑的简单闭曲线, 我们改成简单闭折线.

折线是由有限多个直线段首尾相接构成的曲线, 一般说来我们并不要求每个顶点处一定发生折曲, 也就是说我们容许某些顶点处的外角是零. 不过这种顶点对于全曲率没有贡献, 所以在本章中, 我们假定所有的顶点都是折点, 外角都不等于零.

这两个定理, 特别是前一个, 直观上是明显的. 我们要讲的方法——方向分析与面积原理——不但对这两个定理都适用, 而且还有许多别的用处.(参看第五章.)

习 题

1. 设 L 是平面上的 n 边形, 而且设 L 是凹的. 试证明, L 的内角和是 $(n-2)\pi$, 但是 L 的外角和(全曲率)大于 2π.

2. 设 $\alpha>2\pi$. 试作一平面多边形使其外角和等于 α.

3. 试作一代表三叶结的简单闭折线 L, 使其全曲率只稍大于 4π.

4. 试证明, 打结的简单闭折线至少要有 6 个折点. (提示:假设只有 5 个折点, 证明其桥指标是 1, 所以代表平凡结.)

§4.2 方向球面 芬舍尔定理的证明

空间中有多少方向? 当然多得不可胜数. 那么怎样掌握和分析如此众多的方向呢? 取定一个坐标原点 O, 以 O 为中心作一个半径为 1 的球面 S. 这球面上的每一点 X 决定一条射线 OX, 因而确定空间中的一个方向. 反过来, 如果给定了空间中的一个方向, 从 O 出发沿这方向作射线, 必交球面 S 于一点. 这样, 空间中的方向就与球面 S 上的点一对一地互相对应起来了. 于是我们就用球面 S 来代表空间中的全体方向, 这球面有时称为**方向球面**. 这种想法其实由来已久. 夜里看星, 每颗星都不知有多远, 我们只看到它们的方向有差异. 对于观察者来说, 天空就像一个深邃的空心球面笼罩着,所以有天球这个观念.于是星图都画在球面上,用适当的经纬度来描述位置.研究日月星辰的方位的学问,就叫作球面天文学.

方向球面 S 的表面积是 4π(因为它的半径是 1).满足某个条件的方向所组成的集合,对应着球面 S 上的一个图形.这个图形的面积与球面面积之比,说明满足该条件的方向的多少.

例 1 设 A,B 是两个点.与线段 AB 平行的方向只有两个,它们是 S 上与 AB 平行的那条直径的两端.与 AB 垂直的所有方向,构成 S 上的一个大圆,它是被过 O 且垂直于 AB 的平面截出的.大圆只是一条没有宽度的线,面积是零.这说明,几乎所有的方向都不与 AB 垂直.

例 2 设 A,B 是两个点.与 AB 方向成锐角的方向,构成球面 S 上的半球面,即例 1 中的大圆把 S 分割成的两个半球之一.它的面积是 2π,是球面积 4π 的一半.这说明,与 AB 成锐角的方向占全体方向的一半.

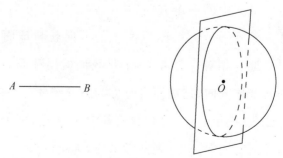

A ———— B

例 3 设 A, B, C 是三个点,不在一直线上. 从 C 点向线段 AB 各点作射线,这些射线的方向在方向球面 S 上构成一段大圆弧,其长度等于角 $\angle ACB$ 的大小(以弧度为单位).

现在我们换一个侧面来看折线的外角. 设 ABC 是折线. 我们说某个方向使折点 B 突出,如果该方向与 AB, CB 都成锐角;换句话说,假如一个人沿该方向站着(指从脚底到头顶的方向),他将看到 B 点比 A、C 两点都高,B 点是折线 ABC 的顶峰. 使折点 B 突出的方向有多少? 这取决于折点 B 处的外角 β.

命题 1 设 ABC 是折线. 那么,使折点 B 突出的方向在方向球面 S 上所占的面积为 2β,这里 β 是折线在 B 处的外角.

证明 我们不妨以折点 B 作为方向球面 S 的球心. 作过 A, B, C 三点的平面 E,及垂直于 E 的直径 PP'. 那么使折点 B 突出的方向在方向球面 S 上所构成的图形,乃是以 PP' 为棱的一个二面角在 S 上截出的月牙形,该二面角的两个面分别垂直于 AB 和 BC. (根据例 2,这图形应是与 AB 成锐角的方向所成的半球面和与 CB 成锐角的方向所成的半球面之交,所以是月牙形.)下图画出了从球面 S 切去这二面角的样子,右边是截面 E 上的情景. 由图看出, 这二面角的大小恰是折点处的外角 β. 二面角所截出的月牙形的面积与二面角的大小成正比, 而当二面角为直角 $\left(\dfrac{\pi}{2}\right)$ 时月牙形恰是球面的四分之一, 面积为 π. 所以大小为 β 的二面角截出的月牙形面积为 2β. 证毕.

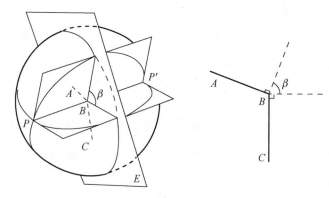

现在设 $L = A_1 A_2 A_3 \cdots A_{n-1} A_n A_1$ 是空间中的简单闭折线, 折点 A_i 处的外角是 α_i, 使折点 A_i 突出的方向所构成的 (方向球面 S 上的) 月牙形记作 T_i.

我们把空间中的一个方向叫作**好的**, 如果它与 L 的各段 $A_1 A_2, A_2 A_3, \cdots, A_n A_1$ 都不垂直. 换句话说, 在沿好方向站着的人看来, L 的每一段两端都不一样高. 从例 1 我们知道, 不好的方向构成几个大圆周, 总面积是 0. 所以好方向的集合 H 所占的面积是 4π (几乎所有的方向都是好方向）.

在沿好方向站着的人看来,折点 $A_1, A_2, \cdots, A_n$ 中总有一个最高,是顶峰.所以每个好方向都至少使一个折点突出.这就是说,好方向的集合 H 包含于月牙形 $T_1, T_2, \cdots,$ T_n 的并, $H \subset T_1 \cup T_2 \cup \cdots \cup T_n$. 于是 H 的面积不小于诸 T_i 的面积之和.然而我们已经知道月牙形 T_i 的面积是 $2\alpha_i$,所以 $2\alpha_1 + 2\alpha_2 + \cdots + 2\alpha_n \geqslant 4\pi$,即 L 的外角和

$$\alpha_1 + \alpha_2 + \cdots + \alpha_n \geqslant 2\pi$$

这正是芬舍尔定理的结论之一.

对于平面上的简单闭折线来说,我们知道凸多边形的外角和是 2π（§4.1 的例）,凹多边形的外角和大于 2π（§4.1 习题 1）.只要再加上下面这个命题,芬舍尔定理的结论就全都证明了.

命题 2　设简单闭折线 L 不在一个平面内.那么它的外角和一定大于 2π.

我们需要一个引理:

引理　设 A, B, C, D 四点不在同一个平面内,并设第五个点 C' 在线段 CD 上.设折线 $ABCD$ 在折点 B, C 处的外角是 β, γ,而折线 $ABC'D$ 在折点 B, C' 处的外角是 β', γ'. 那么 $\beta + \gamma > \beta' + \gamma'$.

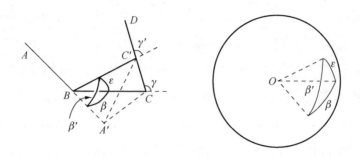

证明 记$\angle C'BC$为ε.因为B,C,C',D在同一平面上,易见$\gamma=\gamma'+\varepsilon$.所以我们只需证明$\beta+\varepsilon>\beta'$.

由于D不在A,B,C所在的平面上,C'也不在那平面上.在AB的延长线上取一点A'.BA',BC,BC'是一个三面角的三条棱,这三面角的三个面角分别是ε,β',β.立体几何告诉我们,三面角的任意两个面角的和大于第三个面角.所以$\beta+\varepsilon>\beta'$.(另一看法是,$\overrightarrow{BA'},\overrightarrow{BC},\overrightarrow{BC'}$三个方向在方向球面$S$上决定三个点.以这三点为顶点的球面三角形三边长度分别是ε,β',β.而球面上两点之间的最短连线是大圆弧,所以球面三角形的两边之和大于第三边.)证毕.

命题 2 的证明 设简单闭折线$L=A_1A_2A_3\cdots A_nA_1$不在一个平面内.那么L中必有三个相连的线段不在同一平面内,不妨设它们就是$A_1A_2A_3A_4$.在线段A_3A_4上靠近A_3处取一点A'_3,以L'表示闭折线$A_1A_2A'_3A_4\cdots A_nA_1$.只要$A'_3$取得很靠近$A_3$,$L'$仍是简单闭折线.根据芬舍尔定理的第一个结论(已证明的),L'的外角和不小于2π.另一方面,L

与 L' 在 $A_1,A_4,\cdots,A_n$ 的外角相同,而引理指出 L 在 A_2,A_3 的外角之和大于 L' 在 A_2,A'_3 的外角之和.所以 L 的外角和大于 L' 的外角和,因而大于 2π.证毕.

§4.3　面积原理　法利-米尔诺定理的证明

我们先把上一节中运用面积的方法引申一步,以 $m(X)$ 表示方向球面 S 上的图形 X 的面积.

面积原理　设 $X_1,X_2,\cdots,X_n$ 和 Y 都是方向球面 S 上的图形,a 是正整数.设 Y 中的每一点都至少包含在 a 个 X_i 之中.那么 $X_1,X_2,\cdots,X_n$ 的面积之和不小于 Y 的面积的 a 倍,即

$$m(X_1)+m(X_2)+\cdots+m(X_n)\geqslant a\cdot m(Y).$$

这道理是明显的:这些 X_i 不但把整个 Y 覆盖住了,而且把 Y 的每一点至少盖了 a 层呢!

这个简单的原理很有用,值得多想一想.与此有关的概念是平均.问题:Y 中的点平均被多少个 X_i 盖住?我们可以这样来想:在区域 Y 上,先把属于 X_1 的地方(面积为 $m(X_1\bigcap Y)$)垫高 1 毫米,再把属于 X_2 的地方(面积为 $m(X_2\bigcap Y)$)垫高 1 毫米,如此等等,最后把属于 X_n 的地方也垫高 1 毫米.于是,一个点被垫高了多少毫米,就看它属于多少个 X_i.Y 中的点平均被垫高了多少毫米?答案自然应该是

$$\frac{m(X_1 \cap Y) + m(X_2 \cap Y) + \cdots + m(X_n \cap Y)}{m(Y)}$$

在面积原理所谈的情况下，Y 的每一点至少被盖住 a 层，所以 Y 被诸 X_i 盖住的平均层数 $\geqslant a$，即

$$\frac{m(X_1 \cap Y) + m(X_2 \cap Y) + \cdots + m(X_n \cap Y)}{m(Y)} \geqslant a,$$

所以当然有

$$m(X_1) + m(X_2) + \cdots + m(X_n)$$
$$\geqslant m(X_1 \cap Y) + m(X_2 \cap Y) + \cdots + m(X_n \cap Y)$$
$$\geqslant a \cdot m(Y).$$

法利-米尔诺定理的证明　设 $L = A_1 A_2 \cdots A_n A_1$ 是打了结的简单闭折线，全曲率是 k，桥指标是 b. 那么 $b > 1$，因为桥指标为 1 的纽结是平凡的. 我们先来证明较弱的不等式 $k \geqslant 2b\pi$.

与上节芬舍尔定理证明中一样，以 H 记（相对于 L 来说的）好方向的集合，以 $T_i (i = 1, 2, \cdots, n)$ 记使折点 A_i 突出方向的集合. 那么 $m(H) = 4\pi$，而 T_i 是月牙形，$m(T_i) = 2\alpha_i$. 所以 $m(T_1) + m(T_2) + \cdots + m(T_n) = 2(\alpha_1 + \alpha_2 + \cdots + \alpha_n) = 2k$. 另一方面，根据桥指标的定义［参看第一章 §1.5（C2）］，对于沿好方向站立的人来说，他看到的 L 的峰顶个数不少于 b 个，所以每个好方向至少使 b 个折点突出. 这说明 H 的每一点至少属于 b 个 T_i. 于是根据面积原理，

$$2k = m(T_1) + m(T_2) + \cdots + m(T_n) \geqslant b \cdot m(H) = b \cdot 4\pi,$$

这就是我们要证的较弱的不等式.

既然 L 是有结的,L 不会在一个平面上. 于是 L 必有三个相邻的线段,比如说 $A_1 A_2 A_3 A_4$,不在同一平面内. 让折点 A_3 沿线段 $A_3 A_4$ 移动到 A_3',L 变形成 $L' = A_1 A_2 A_3'$ $A_4 \cdots A_n A_1$,记其全曲率为 k',桥指标为 b'. 当 A_3' 离 A_3 很近时,从 L 变形成 L' 的移动是一个同痕变形,L 与 L' 代表同一个纽结,所以 $b' = b$. 然而 §4.2 的引理告诉我们 $k' < k$ (参看 §4.2 命题 2 的证明). 把已证的较弱的不等式用于 L' 得到 $k' \geqslant 2b'\pi$. 因此

$$k > k' \geqslant 2b'\pi = 2b\pi.$$

这就是我们所希望的较强的不等式. 证毕.

五 扭转与绞拧的关系

为了说明本章所要研究的几何现象,让我们来做个实验.取一条稍粗的绳子(例如电线),用双手把它伸直[图(a)].把它扭转若干周,但仍用力把它拉直.这时我们的手指上将感觉到扭转力矩,要捏紧才能使绳子不在手指间打滑.尽量多扭转几周,这力矩就相当大[图(b)].然后渐渐放松两手之间的拉伸力但保持手指捏紧.绳子就会逐渐绞拧成麻花状(甚至更紧密地纠缠起来),而手指上感觉的扭转力矩也随着减少[图(c)].

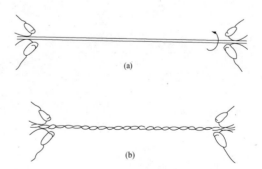

(a)

(b)

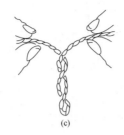

(c)

　　由于扭转力矩与几何上的扭转程度成正比（弹性定律），这个实验提示了一个几何现象：扭转与绞拧互相补偿，扭转量与绞拧量之和守恒.

　　怎样从数学上弄清这个守恒律呢？像我们在前几章研究打结现象时一样，要把绳子的两端在远处连接起来，形成绳圈.所不同的是研究纽结时我们忽略掉绳子的粗细，而现在却要考虑有粗细的绳圈.在绳圈表面画一条标志线以便观察绳子的扭转，这标志线是一条与绳圈的中心线大致并行的简单闭曲线.本章的主题是一个公式

$$Lk = Tw + Wr$$

其中 Lk 是中心线与标志线之间的环绕数，Tw 是标志线围绕中心线扭转的程度，Wr 是中心线绞缠的程度.当绳圈连续变形时，Tw 和 Wr 这两个几何量都会连续地改变，而 Lk 却是取整数值的拓扑不变量，不会改变.于是 $Tw + Wr$ 就在连续变形的过程中守恒了.

　　上述公式是美国几何学家怀特在他的博士论文（1969年发表）中证明的.几乎同时，在研究 DNA 的分子生物学

家的要求下,美国拓扑学家富勒(Fuller)也研究闭带形,得到实质上相同的公式. 他们都假定涉及的曲线是光滑的,我们则将总把曲线理解为折线. 这一方面是为了避免用微积分而只用初等的立体几何,另一方面是因为把 DNA 看成折线更接近实际. 我们总可以把光滑曲线理解为由许许多多的微小线段连接而成的.

怀特公式将在 §5.5 中证明. 在此之前我们必须说明扭转量 Tw 与绞拧量 Wr 的确切含义,为此我们将首先在 §5.1 中为有粗细的绳圈提炼出一个便于处理的扁平带形模型.

§5.1 带形模型

通常的绳子,忽略掉它由多少股线编织而成之类的细节,可以看成圆截面的长带子,就像电视天线的圆形馈线,各截面的半径 r 相同. 为了表现扭转,在绳子表面画一条标志线(每个截面上一个标志点). 这条标志线围绕绳子中心线的转动就是扭转. 各截面上从中心到标志点的那些半径组成一条扁平带子(形状如电视天线的扁平馈线),它其实已记录了绳子的扭转情况. 因此在本章中我们用扁平带子

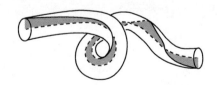

作为绳子的模型,绳圈自然就理解为闭合的扁平带子.以后说到带子时总是指扁平带子,除非另有声明.

闭带子的边缘是两条简单闭曲线,一条是绳子的中心线,记作 K;另一条是绳子表面的标志线,记作 K'.固定一个实数 t,$0 \leqslant t \leqslant 1$.在每个截面上从中心到标志点的半径上,取离中心 $t \cdot r$ 的点,这些点连成一条简单闭曲线 $K^{(t)}$.对每个 t 有这样一条 $K^{(t)}$,当 $t=0$ 时 $K^{(0)}$ 就是 K,当 $t=1$ 时 $K^{(t)}$ 就是 K'.于是那闭带子又可以看成由这些简单闭曲线 $\{K^{(t)}\}_{0 \leqslant t \leqslant 1}$ 所组成的.

为了适应本书中只讲折线不讲光滑曲线的限制,我们对带形模型作如下的假设.

(i)$K=A_1 A_2 \cdots A_n A_1$ 和 $K'=A_1' A_2' \cdots A_n' A_1'$ 是互不相交的两条简单闭折线.

(ii)对于 $1 \leqslant i \leqslant n$ 和实数 $0 \leqslant t \leqslant 1$,以 $A_i^{(t)}$ 记线段 $A_i A_i'$ 上离两端 A_i,A_i' 的距离之比为 $t:(1-t)$ 的点,以 $K^{(t)}$ 记闭折线 $A_1^{(t)} A_2^{(t)} \cdots A_n^{(t)} A_1^{(t)}$.(于是 $A_i^{(0)}=A_i$,$A_i^{(1)}=A_i'$,$K^{(0)}=K$,$K^{(1)}=K'$.)我们要求每个 $K^{(t)}$($0 \leqslant t \leqslant 1$)都是简单闭折线,而且当 $s \neq t$ 时 $K^{(s)}$ 与 $K^{(t)}$ 都不相交.

(iii)每个 A_i'($1 \leqslant i \leqslant n$)到直线 $A_{i-1} A_i$ 和直线 $A_i A_{i+1}$ 有相同的垂直距离.(我们总把 A_0 理解为 A_n,把 A_{n+1} 理解为 A_1.)这就是说,如果 $\angle A_{i-1} A_i A_{i+1}$ 不是平角时,A_i' 应该在 $\angle A_{i-1} A_i A_{i+1}$ 的角平分面(垂直于该角所在平面并通过该

角平分线的那个平面)上.

注意　条件(iii)使 K 与 K' 的地位不对称. 因为当 A'_i 在 $\angle A_{i-1}A_iA_{i+1}$ 的角平分面上时,A_i 未必在 $\angle A'_{i-1}A'_iA'_{i+1}$ 的角平分面上.(请读者自己举例说明这一点.)

满足上述假设的闭带形,我们记作 $[K,K']$.

K 与 K' 的环绕数 $\mathrm{Lk}(K,K')$ 是一个同痕不变量(第一章§1.4). 怀特公式说

$$\mathrm{Lk}(K,K')=\mathrm{Tw}(K,K')+\mathrm{Wr}(K),$$

Tw 是刻画 K' 围绕 K 扭转程度的扭转数(twisting number),Wr 是刻画 K 自身的绞缠程度的绞拧数(writhing number).

我们将首先在§5.2中从方向分析的角度再次讨论环绕数.§5.3和§5.4分别引进 Wr 和 Tw,然后在§5.5中给出怀特公式的证明.

本章所用的方法,与以前一样,也是考察 $K\cup K'$ 在平面上的投影图. 所不同的是,为了鉴别纽结和链环,我们只要用一张投影图;现在要获得关于几何形状的全面信息,就要沿所有可能的方向作投影.

让我们指出有关投影方向的一个几何事实,作为本节的结束.

设 L 是空间中一组互不相交的简单闭折线. 第一章§1.2曾指出,我们总能找到"好"的投影方向(拍照的方

向),使得投影图满足以下要求:

(1)L 的两个顶点的投影不会相重.

(2)L 的顶点的投影不会落在 L 的线段的投影上,除非该顶点本是该线段的一端.

(3)L 的三条互不相邻的线段的投影不会相重于同一点.

其实,一般的投影方向都是"好"的.确切地说,好的投影方向在方向球面 S 上所占的面积等于 S 的总面积 4π.

这个结论,是符合直觉经验的.为了不打断我们的主要思路,其证明如下,供有兴趣的读者参看.

我们只需证明坏的投影方向在方向球面上占的面积是 0.坏方向有三种坏法.

(1)某两个顶点投影相重.这时投影方向必是两顶点连线的方向.这种坏方向只有有限多个.占的面积当然是 0.

(2)某顶点投影落在某线段投影上.这时投影方向必平行于该顶点与该线段所张成的平面,而平行于一平面的方向构成 S 上的一个大圆.所以这种坏方向落在有限多个大圆上,所占面积是 0.

(3)某三条互不相邻的线段投影交汇于同一点.记这三条线段所在的直线为 l_1,l_2,l_3,则投影方向平行于某条同时

与 l_1, l_2, l_3 相交的"坏直线" l. 这样的坏直线的方向组成方向球面上的一个集合 $F(l_1, l_2, l_3)$. 我们来证明 $F(l_1, l_2, l_3)$ 的面积为 0.

假如 l_1, l_2, l_3 中有两条在同一平面内,那么 l 必也在该平面内. 这种 l 的方向在一个大圆上,面积为 0. 所以我们现在只需要证明:

引理 设三条直线两两不共面,则 $F(l_1, l_2, l_3)$ 的面积为 0.

证明 直线 l_1 的两个方向对应于方向球面 S 上与 l_1 平行的直径的两端 P_1, P_1'. 我们断言,过 P_1, P_1' 的每个大圆,如果与 $F(l_1, l_2, l_3)$ 相交的话,一定只相交于一对对径点(一条直径的两端).

考虑通过 l_1 的一个平面 E. 设有"坏直线" l 平行于 E. 那么 l 在 E 内(因 l 与 l_1 相交). 所以 l_2, l_3 都与 E 相交(因它们都与 E 内的 l 相交). 但 l_2 和 l_3 都只与 E 相交于一点 (l_2 与 l_3 都不在 E 内,否则就与 l_1 共面了). 所以 l 就是连结那两个交点的直线. 这就是说,平行于 E 的"坏直线" l 只有一条. 平行于 E 的方向构成 S 上通过 P_1, P_1' 的一个大圆,所以这大圆与 $F(l_1, l_2, l_3)$ 的交恰是那条"坏直线"的两个方向,是一对对径点.

从刚才论证的断言,显然 $F(l_1, l_2, l_3)$ 的面积是 0. 引理证毕.

§5.2　再谈环绕数

本节中,我们设 K, K' 是任意两条互不相交的有向简单闭折线,不必是闭带子的两条边线.设 $K = A_1A_2\cdots A_nA_1$, $K' = A_1'A_2'\cdots A_m'A_1'$,顶点的编号顺序确定了它们的走向.让我们先回顾 K, K' 的环绕数 $\mathrm{Lk}(K, K')$ 的概念(参看第一章 §1.4).

沿一个"好的"投影方向把 $K \cup K'$ 投影到平面上去.在投影图上,考察 K 跨越 K' 的交叉点,即 K 在"上" K' 在"下"的交叉点.每个这种交叉点的正负号 $\varepsilon = \pm 1$ 取决于从"上线" K 的箭头到"下线" K' 的箭头的旋转方向,逆时针为正,顺时针为负.环绕数 $\mathrm{Lk}(K, K')$ 就是 K 跨越 K' 的全体交叉点的正负号之和.

我们知道,这环绕数与("好"的)投影方向的选取无关,在简单闭折线 K, K' 的连续变形(变形过程中 K 与 K' 不许相交)下不变.我们知道 $\mathrm{Lk}(K, K') = \mathrm{Lk}(K', K)$;如果 K 或 K' 的走向逆转,Lk 改变正、负号,而如果 K 与 K' 同时逆转走向,Lk 不变;如果取 K, K' 在同一面镜子中的像,Lk 要改变正负号.

现在我们换个观点来看.

先引进两个记号.设 x, y 是空间中的两点.把线段 xy 作平行移动,使起点 x 移到坐标原点 O 处,终点 y 的新位置就记作 $E = E(x, y)$.这时线段 OE 与线段 xy 方向相同,长度相等. 从 O 到 $E(x,y)$ 的射线与单位球面 S 交于一点 $G(x,y)$, 它就是方向球面 S 上代表线段 xy 的方向的那个点.

现在来考虑, 对于 K 的线段 A_iA_{i+1} 和 K' 的线段 $A'_jA'_{j+1}$, 哪些投影方向会使 A_iA_{i+1} 的投影跨越 $A'_jA'_{j+1}$ 的投影? 对于 A_iA_{i+1} 上的一点 x 和 $A'_jA'_{j+1}$ 上的一点 y, 只有当投影方向恰好是 $G(x,y)$ 时, 投影图上才会出现 x 点压住 y 点的现象. 所以我们要弄清, 当 x 取遍 A_iA_{i+1} 上的点, y 取遍 $A'_jA'_{j+1}$ 上的点时, 方向 $G(x,y)$ 描出方向球面 S 上怎样的一个区域?

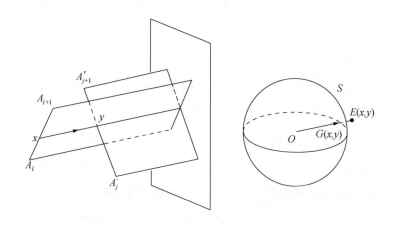

为此我们先来看, 当 x 取遍 A_iA_{i+1} 上各点, y 取遍 $A'_jA'_{j+1}$ 上各点时, 点 $E(x,y)$ 构成空间中的什么图形. 当 $x=A_i$ 而 y 取遍 $A'_jA'_{j+1}$ 上点时, $E(A_i,y)$ 描出从 $E(A_i,A'_j)$ 到点 $E(A_i,A'_{j+1})$ 的线段, 记作 $E(A_i,A'_jA'_{j+1})$, 它与线段

$A'_j A'_{j+1}$ 同向且等长. 同理, 当 y 遍历线段 $A'_j A'_{j+1}$ 的点时, $E(A_{i+1}, y)$ 描出从 $E(A_{i+1}, A'_j)$ 到 $E(A_{i+1}, A'_{j+1})$ 的线段 $E(A_{i+1}, A'_j A'_{j+1})$, 它也与 $A'_j A'_{j+1}$ 同向等长. 值得注意的是, 从线段 $E(A_i, A'_j A'_{j+1})$ 到线段 $E(A_{i+1}, A'_j A'_{j+1})$ 的平行移动, 其方向恰好与线段 $A_i A_{i+1}$ 相反, 而距离则相同; 换句话说, 从 $E(A_i, A'_j)$ 到 $E(A_{i+1}, A'_j)$ 的线段与 $A_i A_{i+1}$ 方向相反长度相同. 由此看来, 当 x 取遍 $A_i A_{i+1}$ 上各点时, 线段 $E(x, A'_j A'_{j+1})$ 扫过的图形 $E(A_i A_{i+1}, A'_j A'_{j+1})$ 是个平行四边形, 以 $E(A_i, A'_j)$, $E(A_{i+1}, A'_j)$, $E(A_{i+1}, A'_{j+1})$, $E(A_i, A'_{j+1})$ 四点为顶点.

由此可见, 当 x 取遍线段 $A_i A_{i+1}$ 上的点, y 取遍线段 $A'_j A'_{j+1}$ 上的点时, 方向 $G(x, y)$ 描出方向球面 S 上的一个区域, 形状是一个球面四边形. 四个顶点是 $G(A_i, A'_j)$, $G(A_{i+1}, A'_j)$, $G(A_{i+1}, A'_{j+1})$, $G(A_i, A'_{j+1})$. 四条边都是大圆劣弧, 例如, 从 $G(A_{i+1}, A'_j)$ 到 $G(A_{i+1}, A'_{j+1})$ 的边, 就是由从 A_{i+1} 点看线段 $A'_j A'_{j+1}$ 各点的方向所成的大圆弧 (参看第四章 §4.2 例 3). 我们可以说, 这个球面四边形是从线段 $A_i A_{i+1}$ 看线段 $A'_j A'_{j+1}$ 的方向的集合, 把它记作 $G(A_i A_{i+1}, A'_j A'_{j+1})$. 沿 $G(A_i A_{i+1}, A'_j A'_{j+1})$ 内的方向作投影时, 才会发生 $A_i A_{i+1}$ 的投影跨越 $A'_j A'_{j+1}$ 的投影的现象.

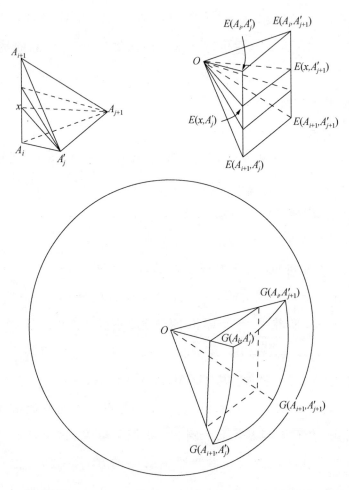

投影图上 A_iA_{i+1} 跨越 $A'_jA'_{j+1}$ 的交叉点的正负号 $\varepsilon =$ ± 1，又反映什么呢？球面四边形 $G(A_iA_{i+1},A'_jA'_{j+1})$ 的边界的走向，规定为由顶点顺序 $G(A_i,A'_j)$，$G(A_{i+1},A'_j)$，

$G(A_{i+1},A'_{j+1})$,$G(A_i,A'_{j+1})$所决定.仔细观察就会发现,当 $\varepsilon=+1$ 时,从球面 S 外面看来这四边形边界走向是逆时针的;当 $\varepsilon=-1$ 时是顺时针的.(换句话说,当 $\varepsilon=+1$ 时,沿边界行走时四边形在左侧,当 $\varepsilon=-1$ 时在右侧.)如上页的图是 $\varepsilon=+1$ 的例子,而本页的图是 $\varepsilon=-1$ 的情形.

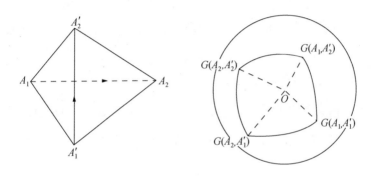

以上的讨论,引导我们提出球面上的有向区域和有向面积的概念.球面上一个(多边形)区域的定向,是指其边界的走向(巡行方向).取定了定向的区域称为有向区域.有向区域的有向面积是一个实数,其绝对值等于该区域的(通常意义下的)面积,其正负则按以下规则确定:在球的外侧沿区域边界巡行时,如果区域在左方,有向面积为正,如在右方为负.

球面四边形区域 $G(A_iA_{i+1},A'_jA'_{j+1})$,规定其边界走向为顶点的循环顺序 $G(A_i,A'_j)$,$G(A_{i+1},A'_j)$,$G(A_{i+1},A'_{j+1})$,$G(A_i,A'_{j+1})$ 之后,就是一个有向的四边形.它的有向面积

记作 $g(A_iA_{i+1}, A'_jA'_{j+1})$；我们将说它是从有向线段 A_iA_{i+1} 看有向线段 $A'_jA'_{j+1}$ 的方向所产生的（有向）面积. 我们定义从有向闭折线 K 看有向闭折线 K' 的方向所产生的（有向）面积（简称从 K 到 K' 方向的面积）为

$$g(K, K') = \sum_{i=1}^{n} \sum_{j=1}^{m} g(A_iA_{i+1}, A'_jA'_{j+1}).$$

注意，这个求和式中各项可以有正有负，总和也可正可负，亦可能是零.

定理 设 $K = A_1A_2 \cdots A_nA_1$ 和 $K' = A'_1A'_2 \cdots A'_mA'_1$ 是互不相交的简单闭折线，由顶点的顺序确定其走向. 那么，从 K 看 K' 的方向的面积等于 K 与 K' 的环绕数的 4π 倍，即

$$g(K, K') = 4\pi \cdot \mathrm{Lk}(K, K').$$

证明 让我们在方向球面 S 上施工. 对于 K 的一段 A_iA_{i+1} 和 K' 的一段 $A'_jA'_{j+1}$，如果 $g(A_iA_{i+1}, A'_jA'_{j+1})$ 是正的，我们把四边形区域 $G(A_iA_{i+1}, A'_jA'_{j+1})$ 垫高 1 毫米；如果是负的，则把那区域挖低 1 毫米. 对每一对指标 $1 \leqslant i \leqslant n$，$1 \leqslant j \leqslant m$ 都这样做一遍. 问：方向球面 S 平均被垫高了多少毫米呢？答案显然是以 S 的表面积 4π 去除

$$\sum_{i=1}^{n} \sum_{j=1}^{m} g(A_iA_{i+1}, A'_jA'_{j+1}), \text{即}$$

$$\frac{1}{4\pi} g(K, K').$$

　　另一方面,设方向球面 S 上的一点 x 对于 $K \cup K'$ 说来是上节末所说的"好的"投影方向. 这个点被垫高了多少毫米呢? 沿这个方向作投影时每出现一个 K 跨越 K' 的正交叉点, x 就属于一个 $g(A_iA_{i+1}, A'_jA'_{j+1}) > 0$ 的四边形 $G(A_iA_{i+1}, A'_jA'_{j+1})$ 的内部,就要被垫高 1 毫米;每出现一个 K 跨越 K' 的负交叉点, x 就被挖低 1 毫米. 所以 x 被垫高的高度,恰等于在这个投影图上 K 跨越 K' 的交叉点的正负号之和. 这个数就是环绕数 $\mathrm{Lk}(K, K')$,是个与好方向 x 无关的常数. 我们又知道,坏的投影方向所占的面积是 0,所以方向球面上几乎处处都被垫高了 $\mathrm{Lk}(K, K')$ 毫米.

　　由此可见 $\mathrm{Lk}(K, K') = \dfrac{1}{4\pi} g(K, K')$. 证毕.

　　我们顺便谈谈球面多边形的面积计算. 这对于理解本章以后各节并非必要,只在 §5.3 的例子计算中用到. 不过这是很漂亮的数学,值得一读.

　　我们讲的球面,都是半径为 1 的球面.

　　球面多边形,是由球面上若干段大圆弧首尾相接而成的简单闭曲线. 换个说法,球面多边形是一个以球心为顶点的多面角在球面上截出的图形. 球面多边形的顶点,对应于多面角的棱;球面多边形的各边,对应于多面角的各面,边长对应于面角;球面多边形各顶点处的内角,对应于多面角各棱处的二面角. 这样, 球面上的定理"球面三角形的任意两边的和大于第三边"对应于立体几何中的定理"三面角的任意两个面角的和大于第三个面角".

定理 设球面三角形 $\triangle ABC$ 的三个内角分别是 α, β, γ. 那么 $\triangle ABC$ 的面积是 $\alpha + \beta + \gamma - \pi$.

这就是说, 球面三角形的内角和要比平面三角形的内角和(平角 π)大; 大多少, 恰好等于该球面三角形的面积.

证明 在第四章 §4.2 我们已经讲过, 球面二边形(月牙形)的面积是其顶角的 2 倍. 于是从图上看出:

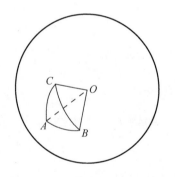 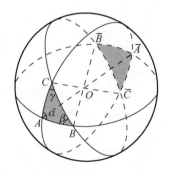

A 处对顶的两个球面二边形面积之和 $= 4\alpha$,

B 处对顶的两个球面二边形面积之和 $= 4\beta$,

C 处对顶的两个球面二边形面积之和 $= 4\gamma$.

这六个球面二边形把球面整个盖住了, 而且把 $\triangle ABC$ 盖了三层, 把与 $\triangle ABC$ 相对的 $\triangle \overline{A}\,\overline{B}\,\overline{C}$ 也盖了三层, 而显

然 $\triangle ABC$ 与 $\triangle \overline{A}\,\overline{B}\,\overline{C}$ 面积相等. 所以

$$4\alpha + 4\beta + 4\gamma = 4\pi + 2\triangle ABC + 2\triangle \overline{A}\,\overline{B}\,\overline{C}$$

$$= 4\pi + 4\triangle ABC,$$

因此 $\triangle ABC$ 面积是 $\alpha + \beta + \gamma - \pi$. 证毕.

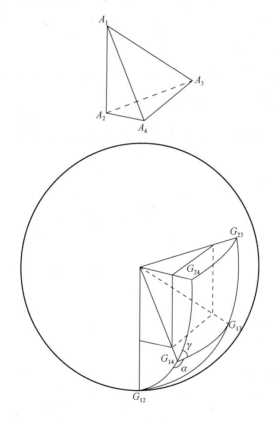

推论 球面四边形的面积等于其内角和减去 2π. 一般地,球面 n 边形的面积等于其内角和减去 $(n-2)\pi$.

总之,球面 n 边形的面积等于 2π 减去其外角和.

证明　用数学归纳法,对边数 $n \geqslant 3$ 来作归纳.

命题　设有四面体 $A_1 A_2 A_3 A_4$. 以 α_{ij} 记这四面体在棱 $A_i A_j$ 处的二面角.那么球面四边形 $G(A_1 A_2, A_3 A_4)$ 的(无向)面积是

$$\left| g(A_1 A_2, A_3 A_4) \right| = 2\pi - (\alpha_{13} + \alpha_{14} + \alpha_{23} + \alpha_{24}).$$

证明　仔细看看上面把四面体与球面四边形同时画出的图,就会相信 α_{ij} 是球面四边形 $G(A_1 A_2, A_3 A_4)$ 在顶点 $G_{ij} = G(A_i, A_j)$ 处的外角.根据上面的推论,就得所要的等式.证毕.

习　题

1. 设 AB, CD 是空间中互不相交的两条线段.试证

$$g(AB, CD) + g(BA, CD) = 0,$$

$$g(AB, CD) + g(AB, DC) = 0,$$

$$g(AB, CD) = g(CD, AB).$$

2. 设 AB, CD 是互不相交的两条线段,E 是一张平面,$A'B', C'D'$ 分别是 AB, CD 在平面镜 E 中的像.试证

$$g(A'B', C'D') = -g(AB, CD).$$

3. 设 $ABCDA$ 是空间中的简单闭折线.那么 $g(AB, CD)$ 与 $g(BC, DA)$ 的正负号相反.

4. 设在空间的右手直角坐标系中,A_1,A_2,A_3,A_4 四点的坐标已知,A_i 的坐标是 (x_i,y_i,z_i). 则 $g(A_1A_2,A_3A_4)$ 的正负号,与下列行列式的正负号相同:

$$\begin{vmatrix} 1 & x_1 & y_1 & z_1 \\ 1 & x_2 & y_2 & z_2 \\ 1 & x_3 & y_3 & z_3 \\ 1 & x_4 & y_4 & z_4 \end{vmatrix} = \begin{vmatrix} x_2-x_1 & y_2-y_1 & z_2-z_1 \\ x_3-x_2 & y_3-y_2 & z_3-z_2 \\ x_4-x_3 & y_4-y_3 & z_4-z_3 \end{vmatrix}.$$

5. 证明 $\mathrm{Lk}(K,K') = \mathrm{Lk}(K',K)$.

6. 以 K^{-1},K'^{-1} 分别表示将 K,K' 的走向反转(顶点编号顺序反转). 证明 $\mathrm{Lk}(K^{-1},K'^{-1}) = \mathrm{Lk}(K,K')$.

7. 以 K^*,K'^* 分别表示 K,K' 在一面镜子中的像. 证明 $\mathrm{Lk}(K^*,K'^*) = -\mathrm{Lk}(K,K')$.

§5.3　绞拧数

本节中我们考虑一条有向的简单闭折线 $K=A_1A_2\cdots A_nA_1$. 我们知道,对于 K 来说,空间中几乎所有的方向都是好的投影方向. 对于 K 的每一张好的投影图,我们在第一章 §1.4 曾定义过拧数,即投影图上 K 与自身交叉的各交叉点的正负号的总和. 注意,那时我们定义的是投影图的拧数;投影方向不同时,投影图就不同,其拧数也会不同. 所以我们那时只是说,从一个好的投影方向来看 K,K 的投影图有一个拧数. 现在我们要定义的几何量,K 的绞拧数 $\mathrm{Wr}(K)$,是从所有可能的方向看 K 时,K 的投影图拧数的

平均值.

取平均的意思可以这样理解:用粗铁丝做 K 的一个模型,用线吊在空中. 然后从前、后、左、右、上、下等各个方向去看它. 从每个角度看去, K 都会有若干处自相交叉,当然也有可能不自相交叉;我们统计出从这个角度看 K 的拧数来. 然后对所有各个角度看得的拧数作平均,就得到 K 的绞拧数.

下图画出两个很扁平的简单闭曲线. 这里所谓扁平,是

Wr≈ −1   Wr≈ +1

指整个图形都很贴近纸面. 这时,从与纸面成稍大角度的方向看去,投影的拧数都相同;但若从很贴近纸面的方向(这些方向在方向球面上所占面积很小)看去,则没有交叉点. 所以左图的绞拧数 Wr 不等于 −1 而比 −1 略大一点,右图的 Wr 比 +1 略小一些.

这个例子启示我们,如果一条简单闭折线很贴近某投影图的平面,它的绞拧数就近似地等于该投影图的拧数.

这个例子还启示我们,每当 K 的两个线段非常贴近地错而过,这次相错对 K 的绞拧数将产生的贡献接近于 +1 或 −1,因为从绝大部分方向看,这相错处都表现为一个交叉点.

当 K 的走向逆转时,投影图的拧数都不改变,因为每个交叉点处两股线的箭头都翻转时正负号不变. 所以绞拧数 $\mathrm{Wr}(K)$ 其实与 K 的走向无关.

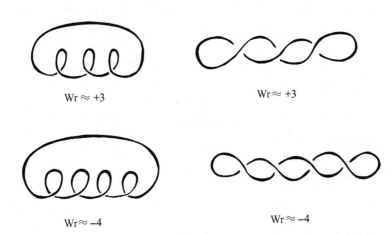

Wr ≈ +3　　　　　　Wr ≈ +3

Wr ≈ −4　　　　　　Wr ≈ −4

下图显示长度相同的闭合的橡皮管当绞拧数不同时在空间中的形态. 中间的松弛形态的绞拧数为 0,右边的为正,左边的为负. 绞拧数的绝对值越大,就绞得越紧;而绞拧数的正负,反映绞的方向.

现在让我们换一个观点,来分析沿什么方向投影时 K 的线段 A_iA_{i+1} 与 A_jA_{j+1} 会在投影图上交叉. 当 $i=j$ 时,同一个线段,谈不上交叉;当 $j=i\pm 1$ 时(我们总是说

循环顺序,把 A_0 理解为 A_n,把 A_{n+1} 理解为 A_1),相邻的线段在投影图上也不会交叉.假定 A_iA_{i+1} 与 A_jA_{j+1} 是不相邻的两个线段.[这就是说,$j \not\equiv i-1, i, i+1 \pmod n$.]与 §5.2 中一样,在投影图上 A_iA_{i+1} 跨越 A_jA_{j+1} 的条件是,投影方向属于方向球面 S 上的四边形区域 $G(A_iA_{i+1}, A_jA_{j+1})$;交叉点的正负号,则恰与有向面积 $g(A_iA_{i+1}, A_jA_{j+1})$ 的正负相一致.

仿照 §5.2,我们来定义从 K 看自身的方向所产生的有向面积.直观上很明显,从 K 的一个线段 A_iA_{i+1} 看这个线段自身,只有两个方向,所占面积为 0;从一线段看一相邻的线段的方向,都平行于一平面,所占面积也为 0.所以起作用的是从一线段看不相邻的其他线段所产生的有向面积.因此,我们定义从 K 看 K 自身的方向所产生的有向面积为

$$g^*(K) = \sum_{i,j}{}^* g(A_iA_{i+1}, A_jA_{j+1}),$$

其中 $\sum\limits_{i,j}{}^*$ 表示对两个指标 $1 \leqslant i \leqslant n, 1 \leqslant j \leqslant n$ 求和,但删去 $i=j$ 的项及 i 与 j 相邻的项.

仿照 §5.2,我们也在方向球面上施工.对于 K 的不相邻的两段 A_iA_{i+1} 和 A_jA_{j+1},如果有向面积 $g(A_iA_{i+1}, A_jA_{j+1})$ 是正的,我们把四边形区域 $G(A_iA_{i+1}, A_jA_{j+1})$ 垫高 1 毫米;如果那有向面积是负的,则把那区域挖低 1 毫米.对每一对

不相邻的指标 (i,j) 都这样做一遍. 问: 方向球面 S 平均被垫高了多少毫米? 答案显然是 $\sum_{i,j}^{*} g(A_iA_{i+1}, A_jA_{j+1})$ 除以 4π, 即 $\frac{1}{4\pi} g^{*}(K)$.

如果 S 上一点 x 对于 K 来说是好的投影方向, 这个点被垫高了多少毫米? 沿这方向作投影时每出现一个正交叉点, x 就属于一个 $g(A_iA_{i+1}, A_jA_{j+1}) > 0$ 的四边形 $G(A_iA_{i+1}, A_jA_{j+1})$ 的内部, 就要被垫高 1 毫米; 每出现一个负交叉点, x 就被挖低 1 毫米. 所以 x 被垫高的高度, 恰等于 K 沿这个方向投影图的拧数. 于是, 球面 S 被垫高的平均高度, 就是沿所有可能的方向所得投影图拧数的平均值. (由于坏的投影方向所占面积是 0, 坏的点被垫高的高度对平均值计算不发生影响, 我们只需注意好的投影方向!) 这就是说,

$$\mathrm{Wr}(K) = \frac{1}{4\pi} g^{*}(K).$$

这个结论, 用文字来说, 意思是: K 的绞拧数等于从 K 看 K 自身的方向所产生的有向面积除以方向球面的总面积 4π.

例 1 设有四面体 $A_1A_2A_3A_4$. 以 α_{ij} 记它在棱 A_iA_j 处的二面角. 以 K 记简单闭折线 $A_1A_2A_3A_4A_1$. 那么, 当

$g(A_1A_2, A_3A_4) > 0$ 时，

$$\mathrm{Wr}(K) = \frac{1}{2\pi}(\alpha_{12} - \alpha_{23} + \alpha_{34} - \alpha_{41}),$$

而当 $g(A_1A_2, A_3A_4) < 0$ 时，

$$\mathrm{Wr}(K) = \frac{1}{2\pi}(-\alpha_{12} + \alpha_{23} - \alpha_{34} + \alpha_{41}).$$

我们只证 $g(A_1A_2, A_3A_4) > 0$ 情形. 事实上, 根据定义,

$$
\begin{aligned}
g^*(K) &= g(A_1A_2, A_3A_4) + g(A_2A_3, A_4A_1)\\
&\quad + g(A_3A_4, A_1A_2) + g(A_4A_1, A_2A_3)\\
&= 2g(A_1A_2, A_3A_4) + 2g(A_2A_3, A_4A_1) \quad (\S 5.2 \text{ 习题 } 1)\\
&= 2|g(A_1A_2, A_3A_4)| - 2|g(A_2A_3, A_4A_1)| (\S 5.2 \text{ 习题 } 3)\\
&= 4\pi - 2(\alpha_{13} + \alpha_{14} + \alpha_{23} + \alpha_{24}) - 4\pi + \\
&\quad 2(\alpha_{24} + \alpha_{21} + \alpha_{34} + \alpha_{31}) \qquad (\S 5.2 \text{ 末的命题})\\
&= 2(\alpha_{12} - \alpha_{23} + \alpha_{34} - \alpha_{41}),
\end{aligned}
$$

所以

$$\mathrm{Wr}(K) = \frac{1}{4\pi}g^*(K) = \frac{1}{2\pi}(\alpha_{12} - \alpha_{23} + \alpha_{34} - \alpha_{41}).$$

例 2　设在空间右手直角坐标系中, 简单闭折线 $K = A_1A_2A_3A_4A_1$ 的顶点的坐标分别是 $A_1(a, b, c)$, $A_2(-a, -b, c)$, $A_3(-a, b, -c)$, $A_4(a, -b, -c)$, 其中 a, b, c 都是正数.

用上例的结论,由于

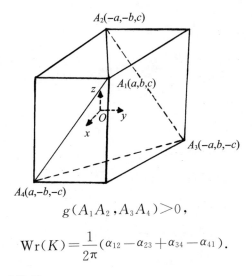

$$g(A_1A_2, A_3A_4) > 0,$$

$$\mathrm{Wr}(K) = \frac{1}{2\pi}(\alpha_{12} - \alpha_{23} + \alpha_{34} - \alpha_{41}).$$

由于对称性,

$$\alpha_{12} = \alpha_{34}, \quad \alpha_{23} = \alpha_{41},$$

所以

$$\mathrm{Wr}(K) = \frac{\alpha_{12} - \alpha_{23}}{\pi}.$$

平面 $A_1A_2A_3$ 的法向量 $\overrightarrow{A_1A_2} \times \overrightarrow{A_1A_3}$ 是

$$(-2a, -2b, 0) \times (-2a, 0, -2c) = 4(bc, -ac, -ab),$$

平面 $A_1A_2A_4$ 的法向量 $\overrightarrow{A_1A_2} \times \overrightarrow{A_1A_4}$ 是

$$(-2a, -2b, 0) \times (0, -2b, -2c) = 4(bc, -ac, ab),$$

它们的夹角就是 α_{12}. 用向量内积算得

$$\cos \alpha_{12} = \frac{-a^2b^2 + a^2c^2 + b^2c^2}{a^2b^2 + a^2c^2 + b^2c^2}.$$

类似地算得 $\cos \alpha_{23} = \dfrac{a^2b^2+a^2c^2-b^2c^2}{a^2b^2+a^2c^2+b^2c^2}$.

于是 $\mathrm{Wr}(K)$ 等于

$$\frac{1}{\pi}\left(\arccos\frac{-a^2b^2+a^2c^2+b^2c^2}{a^2b^2+a^2c^2+b^2c^2}-\arccos\frac{a^2b^2+a^2c^2-b^2c^2}{a^2b^2+a^2c^2+b^2c^2}\right)$$

$$=\frac{1}{\pi}\left(\arcsin\frac{a^2b^2+a^2c^2-b^2c^2}{a^2b^2+a^2c^2+b^2c^2}-\arcsin\frac{-a^2b^2+a^2c^2+b^2c^2}{a^2b^2+a^2c^2+b^2c^2}\right).$$

因此,我们得到以下结论:

当 $a\approx 0$ 时,$\mathrm{Wr}\approx -1$;

当 $b\approx 0$ 时,$\mathrm{Wr}\approx 0$;

当 $c\approx 0$ 时,$\mathrm{Wr}\approx +1$;

当 $a=c$ 时,$\mathrm{Wr}=0$.

习 题

1. 证明 $\mathrm{Wr}(K^{-1})=\mathrm{Wr}(K)$.

2. 证明 $\mathrm{Wr}(K^*)=-\mathrm{Wr}(K)$.

3. 试构作简单闭折线 K,使

(a) $\mathrm{Wr}(K)=0$;(b) $\mathrm{Wr}(K)>0$;(c) $\mathrm{Wr}(K)<0$.

4. 试证明:如果简单闭折线 K 的全曲率为 2π,则它的绞拧数必是 0.

5. 设 $\alpha>2\pi$,w 是任一实数.试构作简单闭折线 K,使其全曲率是 α,而绞拧数是 w.(这说明弯曲与绞拧是两个本质上不同

的概念).

6. 任给一个纽结及任一实数 w. 试证明一定存在一条简单闭折线 K, 代表该纽结, 而其绞拧数是 w. (这说明绞拧与打结是本质上不相干的两种几何现象.)

§5.4 带形的扭转数

本节中我们考虑 §5.1 末尾所提出的带形模型, K 与 K' 满足那里的假定. 我们来定义 K' 围绕 K 的扭转数 $\mathrm{Tw}(K,K')$.

我们先定义 K' 的第 i 段 $A'_iA'_{i+1}$ 围绕 K 的第 i 段 A_iA_{i+1} (注意, 都是第 i 段)的扭转角 $\tau(A_iA_{i+1},A'_iA'_{i+1})$. 它是一个实数, 其绝对值等于以直线 A_iA_{i+1} 为棱, 两个面分别包含 A'_i, A'_{i+1} 两点的那个二面角的大小(以弧度为单位). 它的正负则取决于半平面 $A_iA_{i+1}A'_i$ 绕轴 A_iA_{i+1} 转到半平面 $A_iA_{i+1}A'_{i+1}$ 的旋转方向, 右手螺旋为正, 左手螺旋为负. 扭转数则定义为扭转角的 2π 分之一:

$$\mathrm{Tw}(A_iA_{i+1},A'_iA'_{i+1})=\frac{1}{2\pi}\tau(A_iA_{i+1},A'_iA'_{i+1}).$$

换句话说, 扭转数其实就是扭转角, 不过单位不同, 不是以弧度为单位, 而改以圆周角为单位.

K' 围绕 K 的扭转数就定义为各段扭转数之和:

$$\mathrm{Tw}(K,K')=\sum_{i=1}^{n}\mathrm{Tw}(A_iA_{i+1},A'_iA'_{i+1})$$

$$= \frac{1}{2\pi} \sum_{i=1}^{n} \tau(A_i A_{i+1}, A'_i A'_{i+1}).$$

注意,我们现在谈的 K, K' 是带形的两边.当把 K 的走向反转(K 的顶点编号顺序反转)时,K' 的走向也反转,扭转数并不改变.

扭转数与方向球面的联系,是用一个极限表达出来的.请记住 §5.1 末的记号. $A_i^{(t)}$ 是线段 $A_i A'_i$ 上按比例 t：$(1-t)$ 分割的点.当 t 趋于 0 时,$A_i^{(t)}$ 趋于 A_i.

定理 $\lim_{t \to 0} g(A_i A_{i+1}, A_i^{(t)} A_{i+1}^{(t)}) = 4\pi \mathrm{Tw}(A_i A_{i+1}, A'_i A'_{i+1}).$

证明   当 $t \to 0$ 时,$A_i^{(t)} \to A_i$, $A_{i+1}^{(t)} \to A_{i+1}$.所以球面四边形 $G(A_i A_{i+1}, A_i^{(t)} A_{i+1}^{(t)})$ 的四个顶点的极限位置分别是 $G(A_i, A_i^{(t)}) = G(A_i, A'_i)$, $G(A_{i+1}, A_i^{(t)}) \to G(A_{i+1}, A_i)$, $G(A_{i+1}, A_{i+1}^{(t)}) = G(A_{i+1}, A'_{i+1})$, $G(A_i, A_{i+1}^{(t)}) \to G(A_i, A_{i+1})$.(看图,图中为简便,令 $i = 1$.)于是这四边形趋于一个月牙形,正好是扭转数定义中那个二面角所截出的月牙形,面积是 $2\tau(A_i A_{i+1}, A'_i A'_{i+1}) = 4\pi \cdot \mathrm{Tw}(A_i A_{i+1}, A'_i A'_{i+1})$.两边的正负号也正合适:当 $g(A_i A_{i+1}, A'_i A'_{i+1})$ 为正(负)时,$g(A_i A_{i+1}, A_i^{(t)} A_{i+1}^{(t)})$ 都正(负),而 $\mathrm{Tw}(A_i A_{i+1}, A'_i A'_{i+1})$ 也正(负).证毕.

推论 $\mathrm{Tw}(K, K') = \dfrac{1}{4\pi} \lim_{t \to 0} \sum_{i=1}^{n} g(A_i A_{i+1}, A_i^{(t)} A_{i+1}^{(t)}).$

一般说来,带形 $[K, K']$ 的两条边线 K, K' 的扭转数

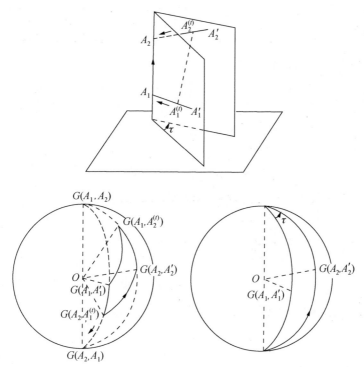

$\mathrm{Tw}(K,K')$ 不一定是整数, 而且当带形作连续变形时其数值是会变化的. 讲扭转数时还必须指明是以哪条边线为轴心, 因为往往 $\mathrm{Tw}(K,K') \neq \mathrm{Tw}(K',K)$, 即 K' 围绕 K 的扭转数未必等于 K 围绕 K' 的扭转数.

这些现象可以在下面的例子中观察到. 例 1 的计算用了立体解析几何的向量运算, 例 2、例 3 则要用微积分才能算出来, 不熟悉的读者可以只看看结论.

例 1 在空间右手直角坐标系中, 给定 A_1, A_2, A_1', A_2'

的坐标如下:$A_1(0,0,0)$, $A_2(0,0,h)$, $A'_1(r,0,0)$, $A'_2(0,r,h)$. 求扭转数 $\mathrm{Tw}=\mathrm{Tw}(A_1A_2, A'_1A'_2)$ 和 $\mathrm{Tw}'=\mathrm{Tw}(A'_1A'_2, A_1A_2)$.

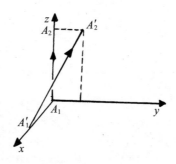

平面 $A_1A_2A'_1$ 是 xz 坐标平面,平面 $A_1A_2A'_2$ 是 yz 坐标平面,这两个平面互相垂直,所以

$$\tau(A_1A_2, A'_1A'_2)=\frac{\pi}{2}, \quad \mathrm{Tw}=\frac{1}{4}.$$

平面 $A'_1A'_2A_1$ 的法向量 $\overrightarrow{A_1A'_1} \times \overrightarrow{A_1A'_2}=(r,0,0) \times (0,r,h)=(0,-rh,r^2)/\!/(0,-h,r)$;平面 $A'_1A'_2A_2$ 的法向量 $\overrightarrow{A_2A'_1} \times \overrightarrow{A_2A'_2}=(r,0,-h) \times (0,r,0)=(rh,0,r^2)/\!/(h,0,r)$. 这两个平面的单位法向量分别是 $\dfrac{(0,-h,r)}{(r^2+h^2)^{1/2}}$ 和 $\dfrac{(h,0,r)}{(r^2+h^2)^{1/2}}$. 所以内积

$$\cos \tau'=\frac{r^2}{r^2+h^2},$$

$$\tau' = \arccos \frac{r^2}{r^2+h^2} = \frac{\pi}{2} - \arcsin \frac{r^2}{r^2+h^2},$$

$$\mathrm{Tw}' = \frac{1}{4} - \frac{1}{2\pi}\arcsin \frac{r^2}{r^2+h^2}.$$

注意 $\mathrm{Tw}' \neq \mathrm{Tw}$. 当 $r \to 0$ 时, $\mathrm{Tw}' \to \mathrm{Tw} = \frac{1}{4}$;

当 $r \to h$ 时, $\mathrm{Tw}' \to \frac{1}{6}$.

例 2 围绕直轴线的圆螺线.

在空间右手直角坐标系中,以 C 记 z 轴,以 C' 记以 C 为轴线的半径为 r 的圆柱面上的螺旋线,螺距为 $2\pi p$. C' 的参数方程是 $(r\cos t, r\sin t, pt)$. 把 C, C' 上高度相同的两点连起来,这些线段扫出一条螺旋状

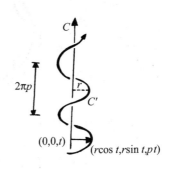

的带子. 在这带子上截取从高度 0 到高度 $H = 2n\pi p$ 的一段(恰为 n 个螺旋)记作 $[L, L']$. 那么用微积分可算出

L' 绕 L 的扭转角 $\tau(L, L') = 2\pi n$, $\mathrm{Tw}(L, L') = n$;

L 绕 L' 的扭转角 $\tau(L', L) = \dfrac{2\pi np}{(r^2+p^2)^{1/2}} = 2\pi n\cos \alpha$,

$\mathrm{Tw}(L', L) = n\cos \alpha$. 这里 α 是 C' 的切线方向与 C 的切线方向之间的夹角.

例 3 围绕圆形轴线的螺旋线.

在空间右手直角坐标系中,以 C 记 xy 平面上以原点为中心,以 R 为半径的圆周. 在以 C 为轴心以 r 为内半径的环形管上作一条均匀地绕轴心 C 恰好 n 周的闭螺旋线 C'.

用微积分可以算出,$\mathrm{Tw}(C,C')=n$.

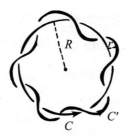

而当 r 比起 R 来很小时,近似地

$$\mathrm{Tw}(C',C)\approx\frac{np}{(r^2+p^2)^{1/2}}\approx n\cos\alpha\ ,$$

其中 $p=\dfrac{R}{n}$,α 是 C 的切线方向与 C' 的切线方向的夹角.

习 题

1. 证明 $\mathrm{Tw}(K^{-1},K'^{-1})=\mathrm{Tw}(K,K')$.

2. 证明 $\mathrm{Tw}(K^*,K'^*)=-\mathrm{Tw}(K,K')$.

3. 试构作闭带形 $[K,K']$ 使

(a) $\mathrm{Lk}(K,K') = \mathrm{Tw}(K,K') = 0$；

(b) $\mathrm{Lk}(K,K') = 0 \neq \mathrm{Tw}(K,K')$；

(c) $\mathrm{Lk}(K,K') \neq 0 = \mathrm{Tw}(K,K')$.

§5.5 怀特公式

前三节所介绍的三个几何量各有特点，我们列表作个对比.

	环绕数 Lk	绞拧数 Wr	扭转数 Tw
对何种图形定义	闭带形	简单闭曲线	带形
能否分段定义然后求和	不能	不能	能
在连续变形下	不变	连续改变	连续改变
取值	整数	实数	实数

有了前几节的准备，现在我们进入本章的主题——怀特公式. 设互不相交的简单闭折线 K, K' 是闭带子 $[K, K']$ 的两条边线，满足 §5.1 末所列出的全部条件. 我们也采用那里的记号.

定理 $\mathrm{Lk}(K,K') = \mathrm{Tw}(K,K') + \mathrm{Wr}(K)$.

证明 公式中的三个几何量，在前三节中已分别与方向球面上的有向面积建立了关系. 正是这些关系使它们互相联系起来.

考虑环绕数 $\mathrm{Lk}(K,K')$. 由于环绕数是同痕不变量，在 K, K' 的连续变形下不变，根据 $[K, K']$ 定义中的假设 (ii)，对任何 $0 < t \leq 1$ 应有 $\mathrm{Lk}(K, K^{(t)}) = \mathrm{Lk}(K, K')$. 所以

$$\mathrm{Lk}(K,K') = \lim_{t \to 0} \mathrm{Lk}(K,K^{(t)})$$

$$= \frac{1}{4\pi} \lim_{t \to 0} \sum_{i=1}^{n} \sum_{j=1}^{n} g(A_i A_{i+1}, A_j^{(t)} A_{j+1}^{(t)})$$

（§5.2 定理）

$$= \frac{1}{4\pi} \sum_{i=1}^{n} \sum_{j=1}^{n} \lim_{t \to 0} g(A_i A_{i+1}, A_j^{(t)} A_{j+1}^{(t)}).$$

把求和号 $\displaystyle\sum_{i=1}^{n} \sum_{j=1}^{n}$ 分解成三部分：$i=j$ 的部分，i 与 j 相邻的部分，i 与 j 不相邻的部分，分别记作 I，II，III，于是

$$\mathrm{Lk}(K,K') = \mathrm{I} + \mathrm{II} + \mathrm{III},$$

$$\mathrm{I} = \frac{1}{4\pi} \sum_{i=1}^{n} \lim_{t \to 0} g(A_i A_{i+1}, A_i^{(t)} A_{i+1}^{(t)}),$$

$$\mathrm{II} = \frac{1}{4\pi} \sum_{i=1}^{n} \{ \lim_{t \to 0} g(A_{i-1} A_i, A_i^{(t)} A_{i+1}^{(t)})$$

$$+ \lim_{t \to 0} g(A_i A_{i+1}, A_{i-1}^{(t)} A_i^{(t)}) \},$$

$$\mathrm{III} = \frac{1}{4\pi} \sum_{i,j}^{*} \lim_{t \to 0} g(A_i A_{i+1}, A_j^{(t)} A_{j+1}^{(t)}),$$

这里求和号 $\displaystyle\sum_{i,j}^{*}$ 的含义与 §5.3 中相同.

根据 §5.4 的定理，$\mathrm{I} = \mathrm{Tw}(K,K')$. 在 III 中，$A_j^{(t)} A_{j+1}^{(t)}$ 当 $t \to 0$ 时的极限位置 $A_j A_{j+1}$ 是 K 中与 $A_i A_{i+1}$ 不相邻的线段，所以根据 §5.3,

$$\mathrm{III} = \frac{1}{4\pi} \sum_{i,j}^{*} g(A_i A_{i+1}, A_j A_{j+1}) = \frac{1}{4\pi} g^*(K) = \mathrm{Wr}(K).$$

　　于是剩下来只需要证明 Ⅱ ＝0. 我们将证明,其实 Ⅱ 的定义中的每个花括号都等于 0,即对每个指标 i,有等式

（＊）　$\lim\limits_{t\to 0}g(A_{i-1}A_i,A_i^{(t)}A_{i+1}^{(t)})+\lim\limits_{t\to 0}g(A_iA_{i+1},A_{i-1}^{(t)}A_i^{(t)})=0.$

　　根据 §5.2 中的定义,$g(A_{i-1}A_i,A_i^{(t)}A_{i+1}^{(t)})$ 是方向球面 S 上以 $G(A_{i-1},A_i^{(t)})$,$G(A_i,A_i^{(t)})$,$G(A_i,A_{i+1}^{(t)})$,$G(A_{i-1},A_{i+1}^{(t)})$ 为顶点(就按顶点的这个循环顺序来确定定向)的有向球面四边形的有向面积,$g(A_iA_{i+1},A_{i-1}^{(t)}A_i^{(t)})$ 是另一个类似的球面四边形的有向面积. 下表左右两栏分别列出这两个球面四边形的顶点,从上到下的顺序恰好给出它们的定向,并且指出当 $t\to 0$ 时各顶点的极限位置.

$G(A_{i-1}A_i,A_i^{(t)}A_{i+1}^{(t)})$的顶点	$G(A_iA_{i+1},A_{i-1}^{(t)}A_i^{(t)})$的顶点
$G(A_i,A_{i+1}^{(t)})\to G(A_i,A_{i+1})$	$G(A_i,A_{i-1}^{(t)})\to G(A_i,A_{i-1})$
$G(A_{i-1},A_{i+1}^{(t)})\to G(A_{i-1},A_{i+1})$	$G(A_{i+1},A_{i-1}^{(t)})\to G(A_{i+1},A_{i-1})$
$G(A_{i-1},A_i^{(t)})\to G(A_{i-1},A_i)$	$G(A_{i+1},A_i^{(t)})\to G(A_{i+1},A_i)$
$G(A_i,A_i^{(t)})=G(A_i,A_i')$	$G(A_i,A_i^{(t)})=G(A_i,A_i')$

　　表中末行的等号是因为 $A_i^{(t)}$ 在线段 A_iA_i' 上,所以对任何 $0<t\leqslant 1$,有 $G(A_i,A_i^{(t)})=G(A_i,A_i')$. 当然也就有

$$\lim\limits_{t\to 0}G(A_i,A_i^{(t)})=G(A_i,A_i').$$

现在区分两种情形来讨论.

　　(1)A_{i-1},A_i,A_{i+1} 三点在一直线上

　　这时,表中左边前三行的极限位置是同一点 $G(A_i,A_{i+1})$. 所以,球面四边形 $G(A_{i-1}A_i,A_i^{(t)}A_{i+1}^{(t)})$ 当 $t\to 0$

时越来越扁,其极限位置退化为球面 S 上连结 $G(A_i,A_{i+1})$ 与 $G(A_i,A_i')$ 的一段大圆劣弧.由此可见,有向面积的极限

$$\lim_{t \to 0} g(A_{i-1}A_i, A_i^{(t)}A_{i+1}^{(t)}) = 0.$$

类似地可证 $\lim\limits_{t \to 0} g(A_iA_{i+1}, A_{i-1}^{(t)}A_i^{(t)}) = 0$. 因此式($\ast$)成立.

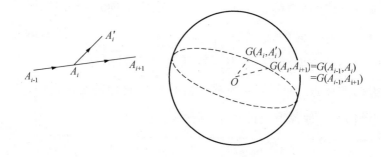

(2) A_{i-1},A_i,A_{i+1} 三点不在一直线上

这时,表中左边前三行的极限位置在同一大圆上,而且第二点 $G(A_{i-1},A_{i+1})$ 位置在连结第一、三两点 $G(A_i,A_{i+1})$ 和 $G(A_{i-1},A_i)$ 的劣弧上. 所以当 $t \to 0$ 时,球面四边形 $G(A_{i-1}A_i, A_i^{(t)}A_{i+1}^{(t)})$ 的极限位置是以三个点 $G(A_i,A_{i+1})$, $G(A_{i-1},A_i),G(A_i,A_i')$ 为顶点的球面三角形,这三角形的定向就由刚才写的顶点循环次序确定.类似地可以证明,表中右边的球面四边形的极限位置,是以 $G(A_i,A_{i-1})$, $G(A_{i+1},A_i),G(A_i,A_i')$ 为顶点的有向球面三角形.

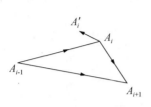
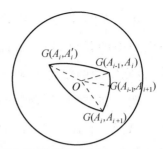

过方向球面 S 的球心 O, 作平面 E 平行于 $\angle A_{i-1}A_iA_{i+1}$ 的角平分面. 则 $G(A_i,A_{i+1})$ 与 $G(A_i,A_{i-1})$ 在 E 的两侧互相对称的位置, 而 $G(A_{i-1},A_i)$ 与 $G(A_{i+1},A_i)$ 也在 E 的两侧互相对称. 至于 $G(A_i,A'_i)$, 它在平面 E 上, 因为根据带形 $[K,K']$ 定义中的假设(iii), A'_i 在 $\angle A_{i-1}A_iA_{i+1}$ 的角平分面上. 于是, 有向球面三角形 $G(A_i,A_{i+1})$, $G(A_{i-1},A_i)$, $G(A_i,A'_i)$ 与有向球面三角形 $G(A_i,A_{i-1})$, $G(A_{i+1},A_i)$, $G(A_i,A'_i)$ 互为镜像(镜子就是平面 E). 所以它们的有向面积绝对值相同, 正负号相反. 因此等式(*)成立. 证毕.

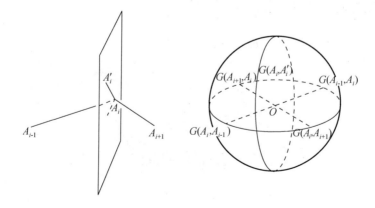

在上面的证明中,我们在靠近结尾的地方用到了闭带形模型中的条件(iii). 下面的例子说明,这个条件是必要的,否则定理的结论不成立.

例 在空间直角坐标系中,考虑闭带子 $[K,K']$, $K = A_1A_2A_3A_4$ 和 $K' = A'_1A'_2A'_3A'_4$ 的折点坐标如下:

$A_1(10,10,1)$, $A'_1(10,10,-1)$,

$A_2(-10,10,1)$, $A'_2(-10,10,-1)$,

$A_3(-10,-10,1)$, $A'_3(-10,-10,-1)$,

$A_4(9,-10,1)$, $A'_4(11,-10,-1)$.

明显地,环绕数 $\mathrm{Lk}(K,K') = 0$. K 与 K' 都是在一个平面上,所以它们的绞拧数 $\mathrm{Wr}(K) = \mathrm{Wr}(K') = 0$. 还有,前三段的扭转角度 $\tau(A_1A_2, A'_1A'_2)$, $\tau(A_2A_3, A'_2A'_3)$, $\tau(A_3A_4, A'_3A'_4)$ 都是 0,而最后一段 $\tau(A_4A_1, A'_4A'_1) = \dfrac{\pi}{4}$. 所以扭转数 $\mathrm{Tw}(K,K') = \dfrac{1}{8}$. 因而

$$\mathrm{Lk}(K,K') \neq \mathrm{Tw}(K,K') + \mathrm{Wr}(K).$$

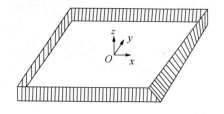

习　题

设有一个圆截面的绳圈，K 是其轴心线，K' 与 K'' 是在该绳圈表面任意画出的两条标志线（K' 与 K'' 可以相交）. 那么，虽然 $\mathrm{Lk}(K, K')$ 与 $\mathrm{Lk}(K, K'')$ 不一定相等，$\mathrm{Tw}(K, K')$ 与 $\mathrm{Tw}(K, K'')$ 也不一定相等，但是请证明

$$\mathrm{Lk}(K, K') - \mathrm{Tw}(K, K') = \mathrm{Lk}(K, K'') - \mathrm{Tw}(K, K''),$$

因而 $\mathrm{Tw}(K, K')$ 与 $\mathrm{Tw}(K, K'')$ 之差一定是整数.

六　纽结理论在分子生物学中的应用

　　拓扑学与几何学的最引人注目的新应用,是纽结理论被用来分析 DNA 实验.

　　DNA 是生物遗传信息的携带者,所以是分子生物学的重点研究对象.虽然决定遗传信息的是 DNA 的碱基顺序,DNA 分子的空间结构和几何形状对其物理、化学性质以至生物活性也有很大影响.DNA 的双螺旋模型使我们很自然地把它的骨架看成一条带子.正是由于这个背景,才使上一章所讲的怀特公式受到人们普遍的重视.今天,在大学数学系的几何学教材里不一定找得到怀特公式,在大学生物系的分子生物学课程里却总要提到它(虽然不讲证明).

§6.1　DNA 和拓扑异构酶

　　DNA(脱氧核糖核酸)是高分子化合物,由脱氧核苷酸连接而成,每个核苷酸则是由一分子磷酸、一分子脱氧核糖和一分子含氮的碱基组成.DNA 中的碱基有四种:腺嘌呤(A),鸟嘌呤(G),胞嘧啶(C),胸腺嘧啶(T).绝大多数DNA 分子是双链的,像一条绳梯:有两条由脱氧核糖与磷酸相间连成的长链,称为主链,作为绳梯的侧架;每个核糖分子上连着一个碱基,两条主链上的碱基互相对应,通过氢键连接起来形成碱基对,作为绳梯的横档.碱基的配对有个

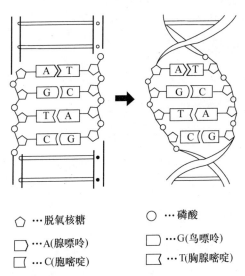

⬠ …脱氧核糖　　　◯ …磷酸

⬜ …A(腺嘌呤)　　⬜ …G(鸟嘌呤)

⬜ …C(胞嘧啶)　　⬜ …T(胸腺嘧啶)

互补原则:A 一定与 T 配对,G 一定与 C 配对.这样,一条主链上的碱基排列完全决定了另一主链上的碱基排列.沿一条主链读出其碱基顺序,得出由 A,C,G,T 四个字母拼写的长串密码,就包含着生物的遗传信息.碱基的排列顺序,在生物化学中称为 DNA 的一级结构.

DNA 是巨大的分子. 最小的天然 DNA 见于某些病毒之中,也包含几千个碱基对,分子量在 10^6 以上;人类染色体的 DNA 则含有数十亿个碱基对. 细胞中的 DNA 通常是线状的,即其两条主链都是有终端的;不过有些 DNA(特别是许多病毒和细菌的)是环状的,其两条主链都闭合成圈.

双链 DNA 具有一种特别的立体结构——双螺旋结构:上述的绳梯在空间中扭转成右手螺旋状,两条主链扭在一起. 具体的扭转率取决于碱基对的局部顺序以及整个 DNA 分子的受力情况,大体上每 10.5 个碱基对扭转一周,或每个碱基对扭转约 35°. 这种双螺旋结构在生物化学中称为 DNA 的二级结构.

DNA 分子是细长的,包在细胞核里,就好像一条长达二百公里的细钓鱼线挤在一个篮球里,必然有非常复杂的弯曲、绞缠等几何现象. 描述这类现象时,我们注意的是双螺旋的轴线(由各个碱基对的中点所连成的线)的几何形状. 实验中观察到,DNA 的轴线本身通常也绞拧成螺旋状,这种现象生物化学家称为超螺旋. 环状 DNA 的轴线可以打结,交叉点数不超过 6 的纽结(见书末的表)都已在实验中观察到. 环状 DNA 分子之间也可以构成链环而不能分离. 这些在生物化学中称为 DNA 的三级结构. 可以想见,本书中介绍的数学在这里会大有用武之地.

　　DNA 在细胞核中的扭曲、绞拧以至打结、圈套必定会影响到 DNA 的复制、转录、重组等基本的生命活动.例如 DNA 分子在细胞有丝分裂时自我复制,是扭成螺旋的两条长链先拆开,按照碱基互补配对的原则,每条链上的每一碱基与周围环境中游离的脱氧核苷酸来配对,就形成了两个完全相同的双链 DNA 分子,它们将被分配到两个子细胞中去.显然,这复制过程中两链的拆开,以及复制后两个双链的分离都受到复杂的几何形状的牵制.生物体之所以能克服这些牵制而实现其生命活动,是因为生物体内有一类特殊的酶——拓扑异构酶的存在.

　　酶是生物催化剂.每一种酶能高效率地促成一种特定的生物化学反应.拓扑异构酶所促成的反应,是把长链暂时断开然后把断端以另一方式接上,如下图所示.图中每条线代表一条主链,两主链间的螺旋式扭转则省略了.促成(a)的酶叫Ⅰ型拓扑酶,改变两条单链之间的交叉.促成(b)的酶叫Ⅱ型拓扑酶,改变两条双链之间的交叉.促成(c)的酶叫重组酶,把两条双链都切断后重接时不再交叉.如果把双链 DNA 分子看成细线,那么(b)与(c)恰好就是第二章 §2.1 中所说拆接关系式中涉及的那些变换.

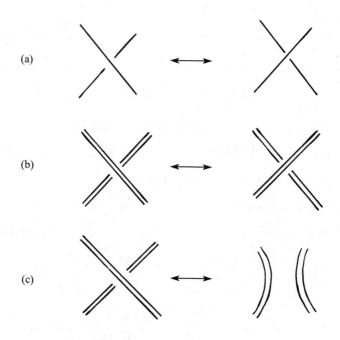

(a)

(b)

(c)

§6.2　实验的技术

　　要描述和理解酶的作用,迄今还没有直接的观察方法(不论是在细胞中还是在实验室中).我们只能依赖间接的方法,比较在酶作用前的底物与作用后的产物的差异,来分析推断该酶所起的作用.

　　在生物化学中,确定 DNA 的碱基顺序的实验技术已趋成熟.然而关于 DNA 的几何构形的实验技术还比较局限,主要是下面两种.

　　一种是凝胶电泳.把 DNA 分子置于凝胶中,加上电场,带负电荷的 DNA 分子就向正极移动,移动的快慢取决于分子的重量和形状.经过一定的时间后撤去电场,在萤光染色下就能看到许多谱带,重量与形状相同的分子聚集在一起.这种方法能把重量与形状的细微差别鉴别开来.(任何两个人的 DNA 谱带结构都不一样,这就是通常说的"遗传指纹".)对于重量相同的 DNA 分子而言,形状越紧凑的在凝胶中移动的阻力越小,速度越快.对于环状 DNA 来说,其几何形状的松紧主要体现在它的绞拧程度(参看本章第五章 §5.3 的图).

另一种是电子显微镜.日益先进的电子显微镜,辅以使 DNA 分子裹上适当的蛋白质以增强观察效果的技巧,目前已使我们能够分清,在双链 DNA 的图像自相交叉处哪条在上哪条在下.因而对于环状的双链 DNA 我们已能确定它们构成的纽结与链环.

这两种技术结合使用,使我们能简便地制备出几何形态相近的 DNA 分子(取自凝胶电泳的同一谱带)作为供酶实验用的底物,在酶作用之后又能快速地分离出产物中各种不同形态的成分,然后逐一在电镜下作进一步的鉴定.

§6.3 生物化学中的拓扑方法

DNA 分子有一定的柔性,在不发生化学反应时也可以作连续变形.天然的 DNA 分子大多是线状的,但是在数学上,一条线如果容许终端自由活动总能变形成直线段.因此对于线状的 DNA 分子来说,很难断定其形状的哪些变化是由于酶所促成的化学变化引起的.解决这个问题的诀窍是,使我们要研究的酶去作用在环状的 DNA 分子上.对于环状的双链 DNA 分子来说,两条主链是几乎并行的简单闭曲线,分子的轴线也是简单闭曲线.于是其两条主链之间的环绕数,其轴线所形成的纽结,几个分子的轴线所形成的链环,就都是拓扑不变量了.在酶作用前后这些拓扑不变量所发生的变化,不可能是由连续变形引起的,而一定是酶所促成的化学变化引起的.

我们先设法制备一种环状的 DNA 分子作为酶实验的底物,比如说是不打结的环状分子,超螺旋度(绞拧程度)也大致相同.然后把提纯的酶放入,用凝胶电泳和电子显微镜鉴别出产物中的一系列纽结与链环.(由于该酶所促成的反应可以在 DNA 分子的不同部位反复进行,所以产物不是单一的.)这就提出了一个数学问题:已知底物及产物的拓扑性质(纽结)与几何性质(超螺旋度),推断该酶反应的机制.回答这类问题就离不开纽结理论.

最早的成功范例是 1971 年左右Ⅰ型和Ⅱ型拓扑酶的发现.第五章所讲的怀特公式在这里起了关键的作用.

在不打结的、超螺旋度一致的 DNA 底物中放进某一种酶,其产物在凝胶电泳上呈现出一系列间隔相同的谱带,各条谱带中的 DNA 的碱基排列都与原来的底物一致.怎样解释这个实验现象呢?

环状的双链 DNA 分子,可以看成第五章所说的闭带形.(取两条主链作为闭带形$[K,K']$的 K 与 K',还是把 K 取成两条主链中间的轴线,没有太大差别.)由于 DNA 双螺旋的扭转率主要是由碱基顺序确定的,所以碱基顺序相同的 DNA,其扭转数 Tw 是几乎相等的.怀特公式告诉我们,扭转数 Tw 与绞拧数 Wr 之和,等于两条主链之间的环绕数 Lk.然而环绕数是拓扑不变量,在连续变形下不改变.所以环状双链 DNA 分子在连续变形时,其绞拧数 Wr 也是基本不变的.各不同谱带中的产物既然碱基顺序与反应前的底物一样,它们的扭转数 Tw 也应该与前一样;电泳中迁移速度的差别,反映出绞拧数的差别.再根据怀特公式

$$Lk = Tw + Wr,$$

绞拧数的差别其实反映出环绕数的差别.我们知道,环绕数只能取整数值.这就难怪产物的绞拧数不是连续变化的而是跳跃的,在电泳中呈现出间隔相等的谱带了.结论是:产物的不同谱带之间的差别,是两条主链之间的环绕数不同.而这个实验中的酶的作用,就是使两条主链互相穿越以改变它们之间的环绕数.

根据这样的原理,设计更精巧的实验,生物化学家已能够测定环状双链 DNA 分子的环绕数和绞拧数.例如,猴病毒 SV40 的环状 DNA 有 5 226 个碱基对,$Wr \approx -25$.值得注意的是大多数天然 DNA 的绞拧数都是负的,因而(参看第五章 §5.3 的图)其超螺旋的样子像左旋的麻花.

对比用不同的酶反应后所得的电泳谱带,发现有些酶相邻谱带的环绕数差额是 1,另一些酶相邻谱带的环绕数差额是 2. 于是拓扑酶有 I 型与 II 型之分. 第 I 型在某一点断开两条主链之一,让另一主链从缺口中穿越,然后把缺口封上. 这样的穿越前后,两主链间的环绕数会改动 ±1. 第 II 型则是在某处同时断开两条主链,让 DNA 分子的另一段从缺口中穿越,然后把缺口封上. 这时该分子两主链间的环绕数就要改动 ±2 了.

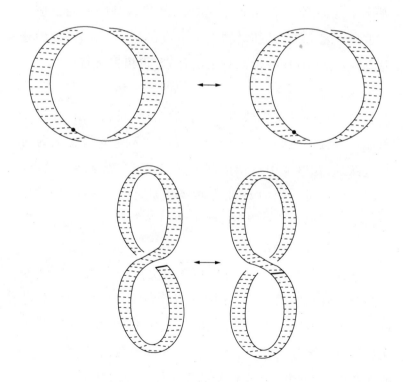

重组酶[参看第六章§6.1示意图(c)]种类繁多,对基因插入、重组等生命现象起着关键作用.由于它们既影响碱基顺序又影响空间构型,作用更加复杂,分析也更加困难,正是当前国际上大力研究的对象.在这本小册子里,我们不可能介绍了,只好请有兴趣的读者去请教分子生物学专家了.可以肯定的是,这种研究不但要用到纽结理论的已有成果,一定也会提出新的挑战来推动纽结理论本身的继续发展.

数学是不能截然划分为纯粹数学与应用数学的.纽结理论在19世纪发端时,本是出于揭示化学元素本质的动机.在20世纪的大部分时间里,它是拓扑学的一部分,被看成纯理论的研究.现在,它不仅成了许多数学分支的交叉点,又以完全出乎前人意料的方式参与了揭示生命现象奥秘的过程.

附　录

附录 1　阅读材料

下列材料可供有兴趣的读者作进一步的阅读. 选的都是介绍性的, 不是研究论文. 但是从它们所列出的参考文献就能跟踪到 20 世纪 80 年代末的科学前沿. 我们尽量选中文材料.

书[1]是介绍纽结理论的好书, 写在琼斯多项式发现之前. 文[2]是介绍琼斯多项式的精彩文章, 后半篇还介绍了与别的数学分支相联系的几种途径, 很有启发性. 文[3]是琼斯本人写的科普文章, 回顾了他的重大发现的途径. 文[4]以分子生物学家为对象介绍琼斯多项式.

文[5], [6], [7], [8]从不同的角度介绍怀特公式及其对 DNA 的应用. 文[9]则比较全面地介绍了拓扑学对于有机化学的重要性.

书[10]是介绍拓扑学的引人入胜的普及读物,里面也讲到纽结.

[1] Rolfsen D. Knots and Links[M]. Berkeley: Publish or Perish Inc. ,1976,1990.

[2]Kauffman L H. New invariants in the theory of knots[J]. Amer. Math. Monthly, 1988,95(3):195-242.

[3]Jones V F R. Knot theory and statistical mechanics[J]. Sci. Am. ,1990,263(5):98-103. 中译:纽结理论与统计力学. 科学,1991(3):34-40.

[4]White J H,Millett K C,Cozzarelli N R. Description of the topological en tanglement of DNA catenanes and knots by a powerful method involving strand passage and recombination [J]. J. Mol. Biol. , 1987, 197 (3): 585-603.

[5]Pohl W F. DNA and differential geometry[J]. Math. Intelligencer,1980,3(1):20-27. 中译:DNA 与微分几何学. 数学译林,1981(2):38-47.

[6]Bauer W R,Crick F H C,White J H. Supercoiled DNA[J]. Sci. Am. ,1980,243(1):118-133. 中译:超螺旋DNA. 科学,1980(11):62-73.

[7]Wang J C. DNA topoisomerases[J]. Sci. Am. , 1982,247(1):94-109. 中译:DNA 拓扑异构酶. 科学,1982

(11):53-64.

[8]White J H. An introduction to the geometric and topology of DNA structure[J]. In:Mathematical Methods for DNA Sequences. Waterman M S(ed). CRC Press, 1989:225-253.

[9]Walba D M. Topological stereochemistry[J]. Tetrahedron,1985,41(16):3161-3212.

[10]巴尔佳斯基,叶弗来莫维契. 拓扑学奇趣[M]. 裴光明,译. 北京:北京大学出版社,1987.

附录 2　纽结与链环及其琼斯多项式

　　下面的表列出了不超过 8 个交叉点的全部素纽结与素链环,以及它们的琼斯多项式.投影图旁的记号 n_i^c 是该纽结或链环的习惯名称,n 是交叉点数,c 是分支数($c=1$ 时略去),i 是顺序号.为清楚起见,投影图上的绳线都用双线表示.

　　表中也列出了这些纽结与链环的琼斯多项式.琼斯多项式从投影图的拧数和尖括号多项式得出.用第二章 §2.3 的状态模型公式来算尖括号多项式,n 个交叉点会产生 2^n 项,然后化简.好在这些图的交叉点都不多,用纸和笔还能够算得过来.如果用第三章 §3.3 的连通性展开式来算,会方便一些.读者不妨选几个图试一试,体验一下.当然,如果你能编个小程序用计算机来算,那就更有趣了.

　　琼斯多项式按下列缩写规则写出.对于方幂是整数的多项式:下加横线标出常数项,其右是正方幂各项的系数,其左是负方幂各项的系数.例如 $1-\underline{3}+0-1$ 表示 $t^{-1}-3-t^2$.对于方幂是半整数的多项式:斜线右方是正方幂项的系数,左方是负方幂项.例如 $2+0/-1$ 表示 $2t^{-3/2}-t^{1/2}$.一行写不下时下一行接着写.

　　琼斯多项式是有向链环的不变量,我们应该说明计算时采用的走向. 对于纽结来说, 我们在第二章 §2.3 已指出, 琼斯多项式其实与走向无关. 对于不止一个分支的链环, 我们采用下面的走向约定: 图上最低处由左向右走. 确切地说, 对于投影图中的每个分支, 在其最低点处(当有几个最低点时取最左边的那个最低点)的走向是由左向右.

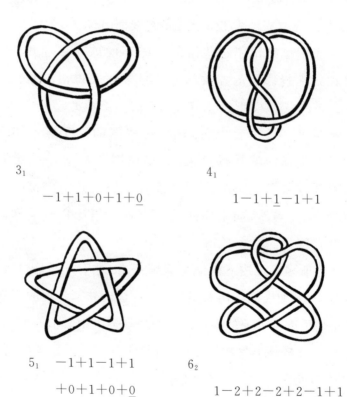

3_1

$$-1+1+0+1+\underline{0}$$

4_1

$$1-1+\underline{1}-1+1$$

5_1 $\quad -1+1-1+1$

$$+0+1+0+\underline{0}$$

6_2

$$1-2+2-2+2-\underline{1}+1$$

5_2 $-1+1-1+2$

$-1+1+\underline{0}$

6_3 $-1+2-2+\underline{3}$

$-2+2-1$

6_1 $1-1+1-2$

$+\underline{2}-1+1$

7_1 $-1+1-1+1-1+1$

$+0+1+0+0+\underline{0}$

7_2 $-1+1-1+2-2$

$+2-1+1+\underline{0}$

7_5 $-1+2-3+3-3$

$+3-1+1+0+\underline{0}$

7_3 $\underline{0}+0+1-1+2$
$-2+3-2+1-1$

7_6 $-1+2-3+4$
$-3+3-\underline{2}+1$

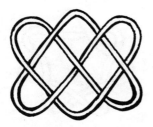

7_4 $\underline{0}+1-2+3-2$
$+3-2+1-1$

7_7 $-1+3-3+\underline{4}$
$-4+3-2+1$

8_1 $1-1+1-2+2$
$-2+\underline{2}-1+1$

8_4 $1-2+3-3+3$
$-\underline{3}+2-1+1$

8_2 $1-2+2-3+3$
$-2+2-1+\underline{1}$

8_5 $\underline{1}-1+3-3+3$
$-4+3-2+1$

8_3 $1-1+2-3+\underline{3}$
$-3+2-1+1$

8_6 $1-2+3-4+4$
$-4+3-\underline{1}+1$

8_7 $-1+2-\underline{2}+4-4$
$+4-3+2-1$

8_{10} $-1+2-\underline{3}+5-4$
$+5-4+2-1$

8_8 $-1+2-3+\underline{5}-4$

$+4-3+2-1$

8_{11} $1-2+3-5+5$

$-4+4-\underline{2}+1$

8_9 $1-2+3-4+\underline{5}$

$-4+3-2+1$

8_{12} $1-2+4-5+\underline{5}$

$-5+4-2+1$

8_{13} $-1+3-4+\underline{5}-5$

$+5-3+2-1$

8_{16} $-1+3-5+6-6$

$+6-\underline{4}+3-1$

8_{14} $1-3+4-5+6$
$-5+4-\underline{2}+1$

8_{17} $1-3+5-6+\underline{7}$
$-6+5-3+1$

8_{15} $1-3+4-6+6-5$
$+5-2+1+0+\underline{0}$

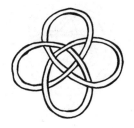

8_{18} $1-4+6-7+\underline{9}$
$-7+6-4+1$

8_{19} $\underline{0}+0+0+1+0$
$+1+0+0-1$

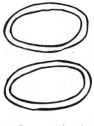

0_1^2 $-1/-1$

8_{20} $-1+1-1+2$

$-1+\underline{2}-1$

2_1^2 $0/-1+0-1$

8_{21} $1-2+2-3$

$+3-2+2+\underline{0}$

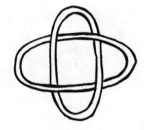

4_1^2 $-1+1-1+0$

$-1+0/+0$

5_1^2 $1-2+1-2$

$/+1-1$

6_3^2 $-1+2-2+2-3$

$+1-1+0/+0$

6_1^2 $-1+1-1+1-1$

$+0-1+0+0/+0$

7_1^2 $1-2+2-3$

$+2-2+1/-1$

6_2^2 $0/+0-1+1-2$

$+2-2+1-1$

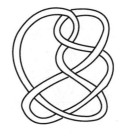

7_2^2 $1-2+2/-4+3$

$-3+2-1$

7_3^2 $1-2+2-3$

$+3-3/+1-1$

7_6^2 $-1+3-4+4$

$-5/+3-3+1$

7_4^2　$-1/+1-3+2$
$-3+3-2+1$

7_7^2　$-1+0-1+0/$
$-1+1$

7_5^2　$1-2+3/-4$
$+3-4+2-1$

7_8^2　$1-1+1-2$
$+1-2/+0$

8_1^2　$-1+1-1+1-1+1-1$
$+0-1+0+0+0/+0$

8_4^2　$-1+2-4+4-4+4$
$-3+1-1+0+0/+0$

8_2^2　$0/+0+0-1+1-2+2$

$-3+3-2+1-1$

8_5^2　$-1/+2-3+4-5$

$+4-4+2-1$

8_3^2　$-1+2-3+4-4+3$

$-3+1-1+0+0/+0$

8_6^2　$-1+2-2+3-4+3$

$-3+1-1+0/+0$

8_7^2　$-1+3-4+5-6$

$+4-4+2/-1$

8_{10}^2　$1-2+1-1-1+3$

$/-4+4-5+3-1$

8_8^2　$1-3+4/-6+6$
$-6+4-3+1$

8_{11}^2　$-1+1-4+4/$
$-5+5-4+3-1$

8_9^2　$-1/+2-4+4-5$
$+5-4+2-1$

8_{12}^2　$1-2+4-6+5$
$-6/+4-3+1$

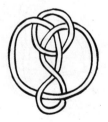

8_{13}^2　$1-3+5-7+7$
$-7/+5-4+1$

8_{16}^2　$-1/+1-2+2$
$-2+2-2$

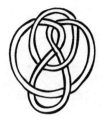

8_{14}^2 $0/+0-1+3-6+5$
$-7+6-4+3-1$

6_1^3 $1-1+3-1+3$
$-2+1+\underline{0}$

8_{15}^2 $-1+1-1+1$
$/-2+1-1$

6_2^3 $-1+3-2+\underline{4}$
$-2+3-1$

6_3^3 $1+0+1+0+\underline{2}$

8_2^3 $1-2+4-4+6-4$
$+4-2+1+0+\underline{0}$

7_1^3 $1-1+4-3$
$+\underline{4}-3+3-1$

8_3^3 $1-\underline{1}+4-4+6$
$-4+4-3+1$

8_1^3 $\underline{1}-1+3-2+4$
$-3+3-2+1$

8_4^3 $\underline{0}+0+1-2+5-5$
$+6-5+5-2+1$

8_5^3 $-1+3-4+6-5$
$+6-\underline{3}+3-1$

8_8^3 $1-1+2-2+3$
$-1+2+\underline{0}$

8_6^3 $1-3+5-5+\underline{8}$

$-5+5-3+1$

8_9^3 $1-\underline{2}+3-2$

$+4-2+2$

8_7^3 $1+0+1+\underline{0}$

$+1+0+1$

8_{10}^3 $1+0+0+0+\underline{1}$

$+1+0+1$

8_1^4 $-1+1-5+4-7+4$

$-6+3-1+0/+0$

8_2^4　$-1+1-4+1$

　　　$-4+2-3/+0$

8_3^4　$-1+0-1-2$

　　　$/-2-1+0-1$

数学高端科普出版书目

数学家思想文库

书 名	作 者
创造自主的数学研究	华罗庚著;李文林编订
做好的数学	陈省身著;张奠宙,王善平编
埃尔朗根纲领——关于现代几何学研究的比较考察	[德]F.克莱因著;何绍庚,郭书春译
我是怎么成为数学家的	[俄]柯尔莫戈洛夫著;姚芳,刘岩瑜,吴帆编译
诗魂数学家的沉思——赫尔曼·外尔论数学文化	[德]赫尔曼·外尔著;袁向东等编译
数学问题——希尔伯特在1900年国际数学家大会上的演讲	[德]D.希尔伯特著;李文林,袁向东编译
数学在科学和社会中的作用	[美]冯·诺伊曼著;程钊,王丽霞,杨静编译
一个数学家的辩白	[英]G.H.哈代著;李文林,戴宗铎,高嵘编译
数学的统一性——阿蒂亚的数学观	[英]M.F.阿蒂亚著;袁向东等编译
数学的建筑	[法]布尔巴基著;胡作玄编译

数学科学文化理念传播丛书·第一辑

书 名	作 者
数学的本性	[美]莫里兹编著;朱剑英编译
无穷的玩艺——数学的探索与旅行	[匈]罗兹·佩特著;朱梧槚,袁相碗,郑毓信译
康托尔的无穷的数学和哲学	[美]周·道本著;郑毓信,刘晓力编译
数学领域中的发明心理学	[法]阿达玛著;陈植荫,肖奚安译
混沌与均衡纵横谈	梁美灵,王则柯著
数学方法溯源	欧阳绛著

书　名	作　者
数学中的美学方法	徐本顺,殷启正著
中国古代数学思想	孙宏安著
数学证明是怎样的一项数学活动?	萧文强著
数学中的矛盾转换法	徐利治,郑毓信著
数学与智力游戏	倪进,朱明书著
化归与归纳·类比·联想	史久一,朱梧槚著

数学科学文化理念传播丛书·第二辑

书　名	作　者
数学与教育	丁石孙,张祖贵著
数学与文化	齐民友著
数学与思维	徐利治,王前著
数学与经济	史树中著
数学与创造	张楚廷著
数学与哲学	张景中著
数学与社会	胡作玄著

走向数学丛书

书　名	作　者
有限域及其应用	冯克勤,廖群英著
凸性	史树中著
同伦方法纵横谈	王则柯著
绳圈的数学	姜伯驹著
拉姆塞理论——入门和故事	李乔,李雨生著
复数、复函数及其应用	张顺燕著
数学模型选谈	华罗庚,王元著
极小曲面	陈维桓著
波利亚计数定理	萧文强著
椭圆曲线	颜松远著